普通高等职业教育"十三五"规划教材 ■ · · · · · · ·

Photoshop CC
图像设计与制作

第二版

陈维华 董晨辉 秦志新 主 编

姚 杰 栗 裕 郭健辉 涂海燕 张 聪 刘 元 副主编

程蓉蓉 张 苑 参 编

U0282931

清华大学出版社

北 京

内 容 简 介

本书根据企业相关岗位的需求,遵循"循序渐进、由易到难"的基本思路,本着"能学会又不失挑战性"的原则来安排全书的整体结构和内容。全书分为9个项目,每个项目均有学习目标,并包含若干任务。每个任务中又包含任务分析、任务知识、任务实施,部分任务中还有拓展任务。在项目任务之后,还准备了笔试题和上机练习题,以帮助学生进一步巩固知识和技能。

本书适合作为高职高专院校"Photoshop 图形图像设计与制作"相关课程的教材,也适合作为广大图形图像设计爱好者与从业者的参考书和培训用书。

图书在版编目(CIP)数据

Photoshop CC 图像设计与制作/陈维华,董晨辉,秦志新主编. —2 版. —北京:清华大学出版社,2019
(2024.7 重印)

(普通高等职业教育"十三五"规划教材)

ISBN 978-7-302-52654-4

Ⅰ.①P… Ⅱ.①陈… ②董… ③秦… Ⅲ.①图象处理软件-高等职业教育-教材 Ⅳ.①TP391.413

中国版本图书馆 CIP 数据核字(2019)第 047106 号

责任编辑:刘志彬
封面设计:汉风唐韵
责任校对:宋玉莲
责任印制:刘 菲

出版发行:清华大学出版社
   网 址:https://www.tup.com.cn,https://www.wqxuetang.com
   地 址:北京清华大学学研大厦 A 座   邮 编:100084
   社 总 机:010-83470000   邮 购:010-62786544
   投稿与读者服务:010-62776969,c-service@tup.tsinghua.edu.cn
   质量反馈:010-62772015,zhiliang@tup.tsinghua.edu.cn
印 装 者:三河市龙大印装有限公司
经 销:全国新华书店
开 本:185mm×260mm   印 张:23.75   字 数:565 千字
版 次:2015 年 12 月第 1 版 2019 年 5 月第 2 版 印 次:2024 年 7 月第 10 次印刷
定 价:65.00 元

产品编号:083089-01

当前,计算机图形图像处理技术已经被广泛地应用于平面设计、网页设计、电子产品界面设计、手机应用界面设计、照片处理、包装设计、广告设计等众多领域。Photoshop 是处理图形图像的最流行、最基本的应用软件。因此,高职院校以及应用型本科院校相关专业普遍开设了"Photoshop 图形图像设计与制作"这门课程。

Photoshop CC (Photoshop Creative Cloud),是当前 Photoshop 软件的最新的版本,它在之前的 Photoshop CS6 的基础上,又新增了"图像提升采样""属性面板改进"及"云功能"等,使得图形图像的设计者和制作者可以更加"随心所欲"地完成图像的设计与制作,Photoshop CC 可以极大地丰富设计师对数字图像的处理体验。

本书根据企业相关岗位的需求,针对高职高专计算机图形图像处理相关课程的专业技能需要,从应用实践入手,通过大量的项目、任务使学生掌握 Photoshop CC 图形图像设计与制作的核心技术与应用技巧。本书注重提高学生的动手能力和操作能力,将知识点与工作任务相结合。全书采用符合教育规律和职业岗位的语言表述各部分内容,语言流畅,浅显易懂,通过项目引导的方式,阐述相关知识的特点和应用技巧,使学生能够全面掌握使用 Photoshop CC 软件进行图形图像处理的方法和技巧。

本书遵循"循序渐进、由易到难"的基本思路,本着"能学会又不失挑战性"的原则来安排全书的整体结构和内容。全书分为 9 个项目,每个项目均有学习目标,并包含若干任务。每个任务中又包含任务分析、任务知识、任务实施,部分任务中还有拓展任务。在项目任务之后,还准备了笔试题和上机练习题,以便进一步巩固知识和技能。

各项目主要内容如下。

项目 1:初识图形图像的设计制作。本项目主要介绍图形图像设计制作中的有关概念、Photoshop CC 的特点,以及基本功能,并带领读者初步体验使用 Photoshop CC 完成简单标志的制作,了解图像设计与制作的基本操作。

项目 2：图像的选择和移动。本项目通过 5 个任务介绍选择工具的使用方法及操作技巧。

项目 3：图像的绘制。本项目通过多个任务和拓展任务介绍油漆桶工具、定义图案、渐变工具、画笔工具等图像绘制工具的使用和操作技巧，使学生深入理解图像绘制的方法。

项目 4：图像修饰与编辑。本项目详细介绍图像修复工具的使用，包括污点修复画笔工具、修复画笔工具、红眼工具、仿制图章工具等。同时，还介绍了图像复制与粘贴、图像变形、图像大小设置的操作方法和技巧。

项目 5：路径与文字。本项目首先介绍了什么是路径以及路径相关工具和路径的选择、移动，路径的计算、复制、变换等操作；另外，本项目还着重介绍了文字工具的使用方法，包括文字的创建与设置、定位和选择文字、移动文字、查找和替换文本、文字方向设计、文字图层转换为普通图层等。

项目 6：图层与通道。本项目主要介绍了图层的种类、图层面板与图层菜单及图层样式，并详细介绍了填充图层和调整图层。另外，本项目还介绍了通道，以及通道的原理与应用。

项目 7：蒙版。本项目通过 3 个项目任务与 3 个拓展任务，将图层蒙版、矢量蒙版和剪贴蒙版的知识与操作技巧贯穿其中，对这 3 个 Photoshop 中的重要工具进行了深入浅出的介绍。

项目 8：滤镜的使用。本项目详细介绍了什么是滤镜、滤镜菜单、滤镜的使用方法及滤镜的使用技巧。通过多个项目任务和拓展任务将像素化滤镜组、渲染滤镜组、模糊滤镜组、扭曲滤镜组等常用滤镜组的使用方式与技巧进行了说明，使学生能够切实掌握滤镜的使用方法。

项目 9：色彩与色调调整。项目通过 3 个任务引领学生体验直方图、色阶、色彩反相、色调均化、色相/饱和度、曲线、色彩平衡、替换颜色、可选颜色、亮度/对比度、照片滤镜等色彩与色调调整命令的应用与技巧。

本书由陈维华、董晨辉、秦志新任主编，姚杰、栗裕、郭健辉、涂海燕、张聪、刘元任副主编，张苑、程蓉蓉参与编写。在编写过程中得到了清华大学出版社、河北软件职业技术学院、青岛港湾职业技术学院、山西水利职业技术学院等有关领导和专家的关心与支持，也参考了大量的文献资料，对许多相识和尚未相见的参考文献的作者，在此一并表示诚挚的谢意！

由于水平有限，编写时间仓促，不妥之处在所难免，敬请广大读者批评指正。

编　者

Contents 目 录

项目 3　图像的绘制

项目 4　图像修饰与编辑

项目 5　路径与文字

项目 6　图层与通道

项目 7　蒙　　版

项目 8　滤镜的使用

项目 9　色彩与色调调整

项目1
Chapter 1
初识图形图像的设计制作

>>> **学习目标**

1. 了解计算机中的图像是什么。
2. 了解常见的图像的类型。
3. 了解常见的图像文件格式。
4. 了解 Photoshop 主要处理的图像类型。
5. 了解图像文件的要素。
6. 学会 Photoshop CC 软件的打开与关闭等基本操作。
7. 了解 Photoshop CC 软件界面结构。

Photoshop CC 图形图像设计制作，就是利用 Photoshop CC 对图像进行处理，达到某种效果或者是设计制作某种平面作品。本项目主要介绍有关图像设计与制作的基础知识，包括图像文件的类型、图像的色彩模式、图像文件参数，以及 Photoshop CC 软件的基本操作等。

任务 1 认识图像

| 任务分析 |

常见的商标设计制作、出版物（杂志、报纸和书籍）设计制作、平面广告设计制作、海报设计制作、广告牌及网站页面设计制作、移动设备应用软件界面设计制作、标志和包装设计制作等，都是利用 Photoshop 等软件设计的某种平面作品，能达到某种效果。

那么，计算机中的图像是什么呢？常见的图像的类型有哪些？常见的图像文件格式有什么？计算机软件主要处理的图像类型是什么？图像文件的要素有哪些？本任务将一一进行解答。

| 任务知识 |

1. 计算机中的图像

这里的图像不是指日常生活中我们看到的画在纸上或画布上的图像,而是指以数字的方式存储和处理的数据文件。这些数字文件所表达的图像就是计算机中的图像,即数字化图像。

1) 数字化图像的分类

计算机中的数字化图像分为两类:位图和矢量图。Photoshop 是典型的位图软件,Illustrator、CorelDraw、Freehand、AutoCAD 等软件是常用的矢量图软件。

(1) 位图在我们的工作生活中很常见,由数码相机、手机等电子设备拍照得到的图像,扫描仪扫描的图像,以及屏幕抓取的图像都是位图,它是由很多像小方块一样的色素块构成的图像,如图 1-1 所示。单位面积上的像素块越多(分辨率越高),图像越清晰。

位图也叫光栅图、点阵图,特点是可以表现色彩的变化和颜色的细微过渡,很容易在不同的软件之间转换。位图文件占磁盘空间较大,放大后容易失真,如图 1-2 所示。

图 1-1　位图图像

图 1-2　放大后的位图

(2) 矢量图是图形软件通过数学的向量方式进行计算而得到的图形,如图 1-3 所示。

矢量图又称向量图,是由几何特性来绘制的图形。矢量图的特点是文件占磁盘的空间较小,在对图形进行缩放、旋转或变形操作时,图形仍具有很高的显示和印刷质量,并且不会产生锯齿和模糊效果,但它无法表现丰富的颜色变化和细腻的色调过渡,如图 1-4 所示。

图 1-3　矢量图形

图 1-4　放大后的矢量图

2）像素和分辨率

像素是针对位图图像而言的，如果把位图图像放大到数倍，会发现这些连续色调其实是由许多色彩相近的小方点所组成，这些小方点就是构成位图图像的最小单位"像素"，如图1-5所示。

图 1-5　位图图像局部放大后显示的像素效果

像素和分辨率是图形图像制作中最常用的两个概念，它们是密不可分的。通常情况下，图像的分辨率越高，所包含的像素就越多，图像就越清晰，印刷的质量也就越好。同时，它也会增加文件占用的存储空间。像素是用来计算数字影像尺寸的一种单位，它实际上只是屏幕上的一个光点。在计算机显示器、电视机、数码相机等屏幕上都用来作为基本度量的单位，像素也是组成数码图像的最小单位。

分辨率是一个笼统的术语，主要是指图像中每单位打印长度上显示的像素数量，包含更多像素点的高分辨率的图像要比低分辨率的图像更为清晰。通常用"pixel/inch"（像素/英寸）表示，简写 ppi。在使用 Photoshop 设置图像分辨率时，需要注意以下原则。

（1）图像仅用于屏幕显示时，经常将分辨率设置为 72 像素/英寸（根据浏览器分辨率不同，个别时候会设置为 96 像素/英寸）。

（2）图像用于报纸插图，可将分辨率设置为 150 像素/英寸。

（3）图像用于高档彩色印刷，可将分辨率设置为 300 像素/英寸。

（4）分辨率为 300 像素/英寸以上的图像可以满足任何输出要求。

在 Photoshop 中创建新文件，选择菜单栏中的"文件"/"新建"命令，可以在"新建"对话框中设置文件的分辨率，如图 1-6 所示。对于现有文件，则可以选择"图像"/"图像大小"命令来修改它的分辨率，如图 1-7 所示。

2. 图像的颜色模式

图像的颜色模式用于确定显示图像和打印图像时颜色数量、通道数量和文件大小。此外，它还决定了图像在 Photoshop 中是否可以进行某些操作。打开一个图像后，可以在"图像"/"模式"子菜单中选择一个命令，将它转换为需要的颜色模式，如图 1-8 所示。其中，最常用的颜色模式是 RGB 模式和 CMYK 模式。

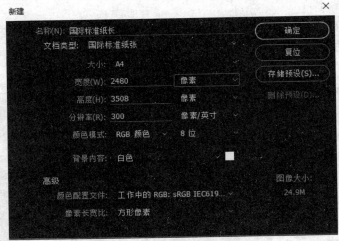

图 1-6 "新建"对话框

图 1-7 "图像大小"对话框

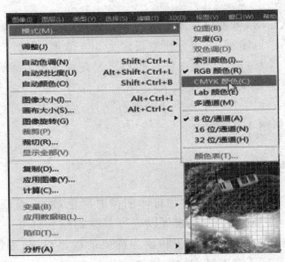

图 1-8 颜色模式菜单

（1）RGB 模式是一种用于屏幕显示的颜色模式，R 代表红色、G 代表绿色、B 代表蓝色，每一种颜色都有 256 种亮度值，因此，RGB 模式可以呈现 1 670 万种颜色。

（2）CMYK 模式是一种印刷模式，C 代表青色、M 代表品红色、Y 代表黄色、K 代表黑色。该模式的色域范围比 RGB 模式要小，并不是所有屏幕中可以显示的颜色都能够被打印出来，只有在作用于印刷的图像时，才使用 CMYK 模式。

（3）灰度模式，只有灰色（图像的亮度），没有彩色。

（4）HSB 模式是利用颜色的三要素来表示颜色的，它与人眼的观察方式最接近。H 表示色相（hue），S 表示色饱和度（saturation），B 表示亮度（brightness）。

（5）Lab 模式由 3 个通道组成，是目前所有颜色模式中色彩范围（色域）最广的。

Photoshop 中将那些不能被打印输出的颜色称为溢色，可以查看 RGB 图像有没有溢色区域，也可以取消色域警告。

3. 图像的文件格式

图像的文件格式即图像文件存放的格式，通常有 JPEG、GIF、PNG、BMP、TIFF，以及 PDF 等，其中 JPEG、GIF 和 PNG 为网页中常见的三种图像格式。由于数码相机拍下的图像文件很大，储存容量却有限，因此图像通常都会经过压缩再储存。

1）JPEG 格式

JPEG（Joint Photographic Experts Group，联合图片专家组）文件的扩展名为 .jpg 或 .jpeg，是目前所有格式中压缩率最高的格式，它可以用最少的磁盘空间得到较好的图像质量。它的应用非常广泛，特别是在网络和光盘读物上。目前各类浏览器均支持 JPEG 这种图像格式，因为 JPEG 格式的文件尺寸较小，下载速度快，使得网页有可能在较短的下载时间内提供大量美观的图像，它是目前网络上最受欢迎的图像格式之一。

在 Photoshop 中，可以将图像以 JPEG 格式储存。Photoshop 提供 11 级压缩级别（0～10 级），其中 0 级压缩比最高，图像品质最差。即使采用细节几乎无损的 10 级质量保存时，压缩比也可达 5：1。以 BMP 格式保存时得到 4.28MB 图像的文件，在采用 JPEG 格式保存时，其文件仅为 178KB，压缩比达到 24：1。经过多次比较，采用第 8 级压缩为存储空间与图像质量兼得的最佳比例。

2）GIF 格式

GIF（Graphics Interchange Format）的原义是"图像互换格式"，是 CompuServe 公司在 1987 年开发的图像文件格式。GIF 文件的数据是一种基于 LZW 算法的连续色调的无损压缩格式，其压缩率一般在 50% 左右，图片体积相对很小。另外，该种格式可以在一个 GIF 文件中保存多幅彩色图像，如果把存于一个文件中的多幅图像数据逐幅读出并显示到屏幕上，就可构成一种最简单的动画。同时，GIF 文件图像支持透明背景图像，其缺点是只能显示 256 种颜色，因此 GIF 格式适用于图表、按钮等只需少量颜色的图像。

3）PNG 格式

PNG 格式的图片以任何颜色深度存储单个光栅图像。PNG 是与平台无关的格式，其优点有体积小、图像质量高、更优化的网络传输显示（PNG 图像在浏览器上采用流式浏览，即使经过交错处理的图像会在完全下载之前提供浏览者一个基本的图像内容，然后再逐渐清晰起来。它允许连续读出和写入图像数据,这个特性很适合在通信过程中显示和生成图像)等。同时它支持透明效果,PNG可以为原图像定义256个透明层次,使得彩色图像的边缘能与任何背景平滑地融合,从而彻底地消除锯齿边缘,这种功能是GIF和JPEG没有的。其缺点是不能得到较旧的浏览器和程序的支持。随着操作系统与浏览器的不断升级,PNG格式图像被使用得越来越多。

4)BMP格式

BMP(Bitmap)是DOS和Windows操作系统中的标准图像文件格式,可以分成两类:设备相关位图(DDB)和设备无关位图(DIB)。它采用位映射存储格式,除了图像深度可选以外,不采用其他任何压缩,因此,BMP文件所占用的空间很大。另外,BMP文件格式是Windows环境中交换与图像有关的数据的一种标准,因此在Windows环境中运行的图形图像软件都支持BMP图像格式。

5)TIFF格式

TIFF(Tag Image File Format,标记图像文件格式)用于在应用程序之间和计算机平台之间交换文件。TIFF是一种灵活的图像格式,被所有绘画、图像编辑和页面排版应用程序支持。几乎所有的桌面扫描仪都可以生成TIFF图像,而且TIFF格式还可加入作者、版权、备注及自定义信息,存放多幅图像。但是,此图像格式复杂,存储内容多,占用存储空间大,其大小是GIF图像的3倍,是相应的JPEG图像的10倍,最早流行于Macintosh,现在Windows主流的图像应用程序都支持此格式。

6)PDF格式

PDF(Portable Document Format,可移植文档格式)用于Adobe Aerobat,Adobe Aerobat是Adobe公司基于Windows、UNIX和DOS系统的一种通用电子出版软件,目前十分流行。PDF文件可以包含矢量和位图图形,还可以包含电子文档查找和导航功能。

7)其他格式

另外还有很多其他的图像文件格式,如表1-1所示。

表1-1　图像文件格式

文件格式	文件扩展名	分辨率	颜色深度/bit	说明
BMP	bmp、dib、role	任意	32	Windows以及OS/2用点阵位图格式
GIF	gif	96ppi	8	256索引颜色格式
JPEG	jpg、jpeg	任意	32	JPEG压缩文件格式
JFIF	jif	任意	24	JFIF压缩文件格式
KDC	kdc	任意	32	Kodak彩色KDC文件格式
PCD	pcd	任意	32	Kodak照片CD文件格式
PCX	pcx、dcx	任意	8	Zsoft公司Paintbrush制作的文件格式
PIC	pic	任意	8	SoftImage制作的文件格式
PNG	png	任意	48	Portable网络传输用的图层文件格式
PSD	psd	任意	24	Adobe Photoshop带有图层的文件格式
TAPGA	tga	96ppi	32	视频单帧图像文件格式
TIFF	tif	任意	24	通用图像文件格式
WMF	wmf	96ppi	24	Windows使用的剪贴画文件格式

任务 2　认识 Photoshop CC 界面

| 任务分析 |

Photoshop 这款软件是当前最为流行的位图图像处理软件,它是美国 Adobe(中文译为"奥多比")公司旗下最为著名的图像处理软件之一,被誉为"图像处理大师",功能强大且使用方便,深受广大设计人员和计算机美术爱好者的喜爱。Photoshop 从 1990 年发布首个版本开始,至 2012 年 4 月发布的 Photoshop CS6 正式版(即 13.0 版本),已经走过了 20 多年的风雨历程,Photoshop 每一次版本的升级都能给它的用户带来巨大的惊喜。Photoshop 的应用领域非常广泛,毫不夸张地说,凡是有图像的地方,基本都能找到 Photoshop 的影子。具体而言,Photoshop 的应用领域主要包括平面设计、影像创新、修复图片、摄影、建筑效果图后期修饰、网页制作、绘画插画、三维贴图制作、图表制作、艺术文字设计和婚纱照设计等。另外,随着新版本功能的增强,它在影视后期制作、二维动画制作及三维模型创建等方面都有不俗的表现。

在本任务中,主要完成对界面的认识,随着学习的深入将会对 Photoshop CC 有更加深刻的了解。

| 任务知识 |

目前 Photoshop 的版本为 CC,其界面包括菜单栏、工具属性栏、工具栏、图像窗口、浮动调板、状态栏、标题栏等,如图 1-9 所示。

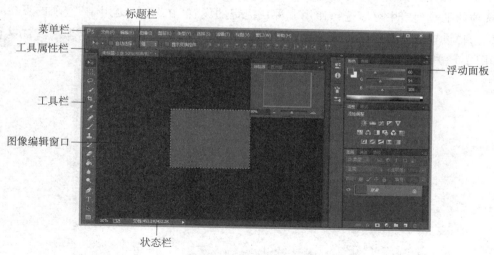

图 1-9　Photoshop 窗口

1. 标题栏

标题栏显示当前应用程序的名称,当图像窗口最大化显示时,会显示图像文件名、颜色模式以及显示比例等信息。

2. 菜单栏

菜单栏是 Photoshop 重要的组成部分,和其他应用程序一样,Photoshop 将所有的功能命令分类后,分别放在菜单栏的 11 个菜单中。菜单栏中提供了文件、编辑、图像、图层、类型、选择、滤镜、3D、视图、窗口、帮助菜单命令(见图 1-10)。如果某个命令为浅灰色,代表该命令在目前的状态下不能执行;有的命令后面带三角形,则表示有级联菜单;有的命令后面带有此命令的快捷键。一般情况下,一个菜单中的命令是固定不变的,但有些菜单可以根据当前环境的变化添加或减少一些命令。

Ps 文件(F) 编辑(E) 图像(I) 图层(L) 类型(Y) 选择(S) 滤镜(T) 3D(D) 视图(V) 窗口(W) 帮助(H)

图 1-10 菜单栏

下面介绍菜单栏的基本使用方法。

(1)使用鼠标选择所需要的命令:用鼠标单击菜单名,在打开的菜单中选择所需要的命令。打开图像,在工具箱中选择不同的工具,用鼠标右键单击图像区域,将弹出不同的快捷菜单,可以选择快捷菜单中的命令对图像进行编辑,如选择选区工具后,用鼠标右键单击区域,弹出快捷菜单。

(2)使用快捷键选择所需要的命令:使用菜单栏命令标注的快捷键也可直接选择所需要的命令,例如,选择"文件"/"打开"命令,直接按 Ctrl+O 组合键即可。

(3)自定义快捷键方式:为了能更方便地使用最常用的命令,Photoshop 为用户提供了自定义快捷键的功能。

选择"编辑"/"键盘快捷方式"命令,或按 Alt+Shift+Ctrl+K 组合键,弹出"键盘快捷键和菜单"对话框,如图 1-11 所示。对话框下面的信息栏中说明了快捷键的设置方式,在"组"选项的下拉列表中可以选择使用哪种快捷键的设置,在"快捷键用于"选项的下拉列表中可以选择设置快捷键的菜单或工具,在下面的表格中选择需要的命令或工具进行设置即可,如图 1-12 所示。

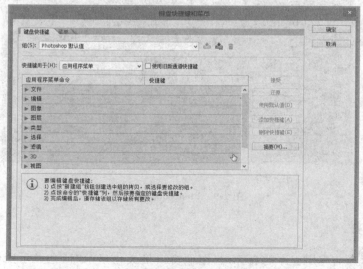

图 1-11 "键盘快捷键和菜单"对话框

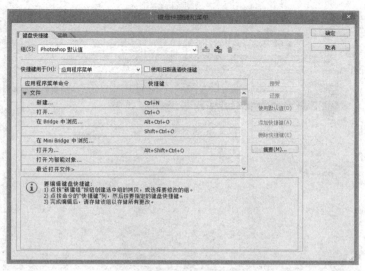

图 1-12　设置快捷键

需要修正快捷键设置时,单击"键盘快捷键和菜单"对话框中的"根据当前的快捷键组创建一组新的快捷键"按钮　,弹出"另存为"对话框,如图 1-13 所示,在"文件名"文本框中输入名称,单击"保存"按钮,保存新的快捷键设置。这时,在"组"选项中就可以选择新的快捷键设置了,如图 1-14 所示。

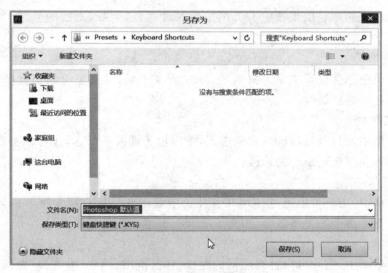

图 1-13　保存新的快捷键设置

1) 文件菜单(F)

"文件"菜单下的命令主要用于图像文件的打开、新建、存储、置入、导入、导出、打印、页面设置及邮件自动化处理等。

2) 编辑菜单(E)

"编辑"菜单主要用于在处理图像时进行复制、粘贴、恢复操作、变形对象及定义图案、设定键盘快捷键等。

图1-14　选择新的快捷键设置

3）图像菜单（I）

"图像"菜单中的命令用来设定有关图像的各种属性,例如,图像的色彩模式、色彩调整、图像大小、画布大小、裁切等。

4）图层菜单(L)

"图层"菜单中的命令用来设定有关图层的各种属性,例如,图层的新建、复制、锁定、链接、合并等。

5）类型菜单(Y)

"类型"菜单中包含设置文字工具选项、建立新文字层、设置字符调板选项、使用段落调板和使用蒙版选项等功能。

6）选择菜单(S)

"选择"菜单中,用户可以修改、取消选区,重新设置选区和反选,还可以将已设置好的选区保存起来或将保存在通道中的选区调出。

7）滤镜菜单(T)

"滤镜"菜单中,用户可以通过使用其各种选项做出各种具有视觉特效的炫目效果。滤镜菜单中包含100多个滤镜特效命令,是Photoshop最常用的特效工具。

8）视图菜单(V)

在"视图"菜单中,用户可以针对图形的路径、选区范围、网格、参考线、图像切割、备注等分别预览。这些操作只影响图像在屏幕中的显示状态,而不对图像本身产生任何影响。

9）窗口菜单(W)

"窗口"菜单的选项是对已打开的图像按所需要的方式进行排列、显示,如控制面板的显示与隐藏,调出各种资料库,在打开多个文件时进行文件之间的切换等。

10）帮助菜单(H)

"帮助"菜单是使用户随时获得帮助,以便更好地使用Photoshop软件,在操作过程中遇到问题,就可以进入"帮助"菜单进行查找。

3. 工具箱

Photoshop 工具箱中总计有 22 组工具,如图 1-15 所示,合计其他弹出式的工具,共计 70 多个。若需使用工具箱中的工具,单击该工具即可。工具按钮右下方有三角形符号的,代表该工具还有弹出式工具,单击三角则会显示隐藏工具;将光标移至工具图标上即可进行工具间的转换。还可以通过快捷键选择一种工具,将光标指向工具箱中的工具图标,稍等片刻,即会出现工具名称的提示,提示括号中的字母是该工具的快捷键。

4. 工具属性栏

工具属性栏又称选项栏,当用户选中工具箱中的某项工具时,工具属性栏会改变相应工具的属性设置选项,用户可以在其中设置工具的各种属性,如图 1-16 所示。

图 1-16 工具属性栏

5. 浮动面板

图 1-15 工具箱

浮动面板主要用来控制工具箱中各种工具的参数设置,如图像颜色、图像编辑、移动图像、显示信息等。另外,还有一些 Photoshop 的功能面板,例如图层面板、路径面板等,这些在后面的学习中都会分别详细介绍。浮动面板可以全部显示在操作界面中,也可以显示或隐藏,还可以随意拆分与组合这些面板。

6. 图像编辑窗口

图像编辑窗口是用来实现图像处理操作的。无论是新建的文件还是已打开的旧文件,都有自己固定的编辑窗口。通过图像编辑窗口的标题栏可以了解当前图像文件的名称、文件格式、显示比例、色彩模式、图像窗口状态栏等信息,如图 1-17 所示。

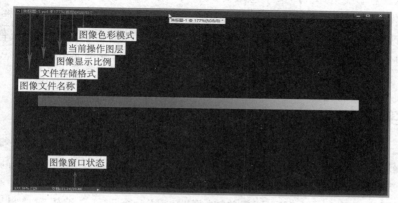

图 1-17 图像编辑窗口

任务 3　制作 Adobe 标志

| 任务分析 |

该任务为制作 Adobe 的标记(logo),如图 1-18 所示。通过亲自动手实践,学会利用 Photoshop 新建图像文件,设置图像尺寸和分辨率,以及标尺、网格等工具,从而对 Photoshop 这款软件具有初步的认识。

图 1-18　Adobe logo

| 任务知识 |

1. 新建和打开图像

新建图像是使用 Photoshop CC 进行设计的第一步。启用"新建"命令,可以通过在菜单栏中选择"文件"/"新建"命令,或通过按 Ctrl+N 组合键,打开"新建"对话框。在其中设置文件"名称""宽度""高度""分辨率""颜色模式""背景内容"等参数。

也可以在菜单栏中选择"文件"/"打开"命令打开图像文件,或按 Ctrl+O 组合键,还可以直接在 Photoshop CC 界面中双击鼠标左键,打开"打开"对话框,在对话框中搜索路径和文件,确认文件类型和名称,通过 Photoshop CC 提供的预览缩略图选择文件,然后单击"打开"按钮,或直接双击文件,即可打开指定的图像文件。

2. 保存和关闭图像

编辑和制作完图像后,就对图像进行保存。可以通过菜单栏中的"文件"/"存储"命令或按 Ctrl+S 组合键,保存图像文件。

第一次保存图像文件是,启用存储命令,系统将弹出"存储为"对话框,在其中输入"文件名"并选择"文件格式",单击"保存"按钮,即可将图像保存。

当既要保留修改过的文件,又不想放弃原文件,则可以使用"存储为"命令。可以在菜单栏中选择"文件"/"存储"命令或按 Shift+Ctrl+S 组合键,打开"存储为"对话框。在对话框中,可以为更改过的文件重新命名、选择路径和设定格式,然后进行保存。原文件保留不变。

将图像进行保存后,可以在菜单栏中选择"文件"/"关闭"命令或按 Ctrl+W 组合键,关闭图像文件。

| 任务实施 |

(1)新建一个图像文件。单击"文件"菜单,选择"新建"命令(或者通过快捷键 Ctrl+N 选择),打开"新建"对话框。将文件名设置为"Adobe",设置宽度为 500 像素,高度为 400 像素,分辨率为 72 像素/英寸,颜色模式为 RGB,如图 1-19 所示。

(2)打开图像标尺。单击"视图"菜单,选择"标尺"命令即可在编辑窗口显示标尺,再次选择"标尺"命令则取消标尺的选择,或者按 Ctrl+R 快捷键也可以调出或隐藏标尺,如

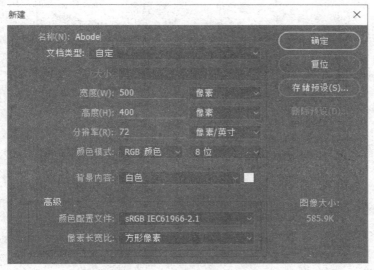

图 1-19 "新建文件"对话框

图 1-20所示。

（3）显示网格。为了制作更精确的效果，可以使用网格作为位置参考系。单击"视图"菜单，选择"显示"命令，在其下级菜单中选择"网格（G）"（或单击 Ctrl＋'快捷键）即可在画布上显示辅助网格线，如图 1-21 所示。

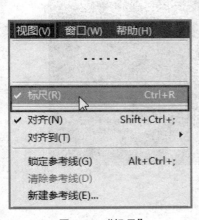

图 1-20 "标尺"

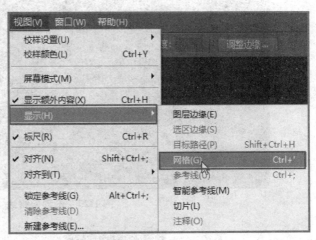

图 1-21 "网格"

另外，用户可以自定义网格大小和样式。单击"编辑"菜单，选择"首选项"命令，再选择"参考线、网格和切片"命令，如图1-22所示。

在"首选项"对话框中，对网格进行相关的设置，包括网格线间隔、子网格数量等，如图1-23所示。

（4）绘制选区。在工具箱中，选择"多边形套索工具"，在图像编辑区域以显示的网格线为基准，在拐点处单击，绘制 Adobe 标志的多边形选区，如图 1-24 所示。

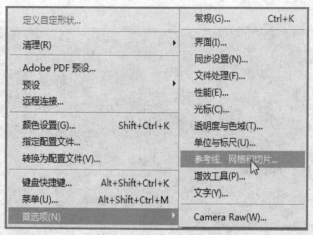

图 1-22 "参考线、网格和切片"

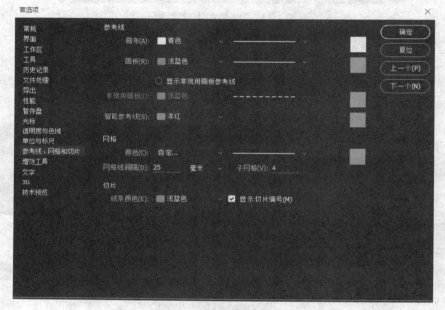

图 1-23 设置网格线

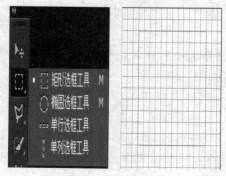

图 1-24 绘制 Adobe 标志

（5）新建图层，设置前景色并填充颜色。在图层面板中，单击新建图层按钮，新建图层1，如图1-25所示。

单击工具箱中的前景色，在弹出的"拾色器"对话框中，选择红色，如图1-26所示。在工具箱中选择"油漆桶"工具，在图层1中的选区中单击，填充红色。按Ctrl＋D快捷键，取消选区，结果如图1-27所示。

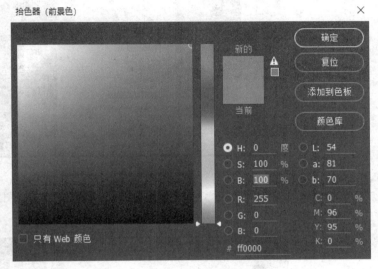

图1-25　新建图层　　　　　　　　　　　图1-26　填充颜色

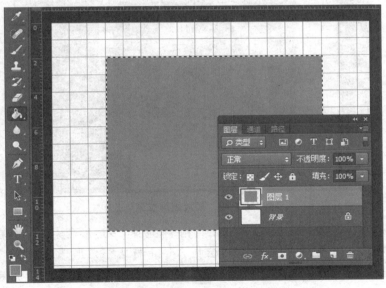

图1-27　填充颜色

（6）复制图层1，并水平翻转。在图层面板中，选中图层1将其拖动到底部的新建图层按钮上，复制该图层得到"图层1拷贝"图层。选择"图层1拷贝"图层，按下Ctrl＋T快捷键，在选中图像上右击鼠标弹出快捷菜单，选择"水平翻转"，如图1-28所示。

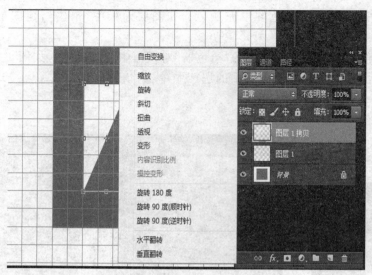

图 1-28　填充颜色

　　按"Enter"键,确认变换。选择工具箱中的"移动工具","图层 1 拷贝"中的内容摆放合适的位置,如图 1-29 所示。

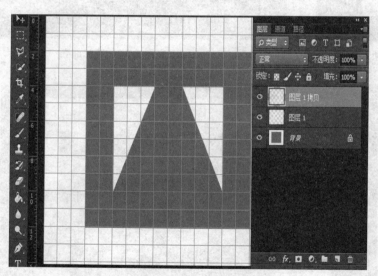

图 1-29　摆放图层位置

　　(7)绘制多边形选区。新建图层 2,在工具箱中,选择"多边形套索工具",在图像编辑区域以显示的网格线为基准,在拐点处单击绘制 Adobe 标志三角形选区,如图 1-30 所示,接着,单击工具属性栏中的"从选区减去"按钮▣,绘制多边形梯形区域,形成如图 1-31 所示区域,填充白色,快捷键为 Ctrl+DEL。

　　(8)保存图像。单击"文件"菜单,在其下拉菜单中有"存储"和"存储为"都可以保存图像文件。当图像被保存过后,"存储"选项将会失效,这时只能使用"存储为"以另存为的方式保存图像文件。单击"存储"或"存储为"后弹出对应的对话框,可以在其中选择保存文件的位置,录入文件名称并选择图像格式。除了将图像保存为 Photoshop 中图像的默认格式

.psd 之外,还可以保存为 .jpg 、.png、.gif 等图像格式。如图 1-33 所示。

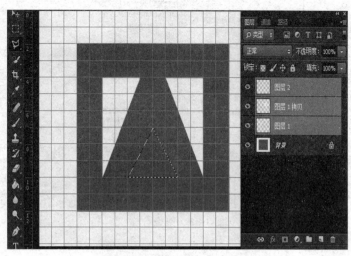

图 1-30　绘制三角形区域

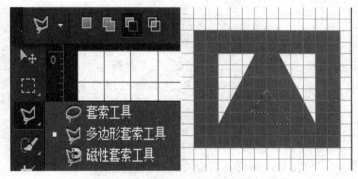

图 1-31　绘制多边形梯形区域

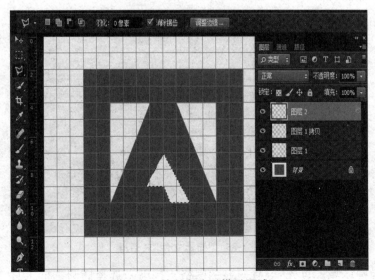

图 1-32　绘制多边形梯形区域

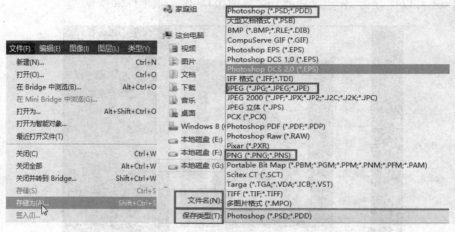

图 1-33　图像存储

| 任务拓展 |

制作天气预报闪电标志

　　本任务是制作天气预报闪电标志,如图 1-34 所示。它的构图很简单,使用前面完成 Adobe 标志的工具就可以顺利完成。主要是用选区工具获取相交的圆形椭圆区域,并为该区域填充颜色。

　　(1) 新建一个图像文件。单击菜单栏中"文件"菜单,在下拉菜单中选择"新建"(或者通过快捷键 Ctrl+N),打开"新建"对话框。将文件名设置为"天气预报闪电标志",设置尺寸为:W(宽)500像素,H(高)400 像素,分辨率为 72 像素/英寸。如图 1-35 所示。

图 1-34　天气预报闪电标志

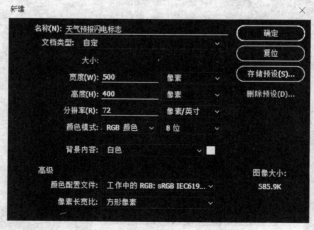

图 1-35　"新建文件"对话框

　　(2) 绘制椭圆区域。首先,设置并显示网格。接下来选择椭圆选框工具,在图像按下鼠标左键拖动绘制一个椭圆区域。之后在选框工具状态栏上选择"添加到选区"按钮,接着绘制第二个椭圆选区。这样,椭圆选区就组合成了一个乌云选区,如图 1-36 所示。

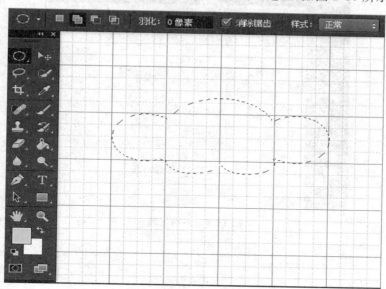

图 1-36 乌云选区

(3)填充颜色。首先,在图层面板中,单击新建图层按钮,新建图层 1。接下来设置前景色为红色,单击"Alt+Delete"快捷键,在图层 1 上为选区填充前景色——灰色。按"Ctrl+Delete"快捷键,取消选区。如图 1-37。

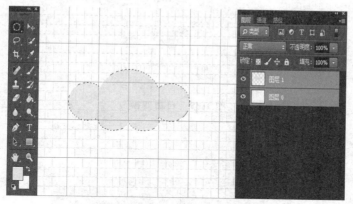

图 1-37 填充选区

(4)绘制多边形选区。新建图层 2,在工具箱中,选择"多边形套索工具",在图像编辑区域以显示的网格线为基准,在拐点处单击绘制天气预报闪电标志闪电选区,如图 1-38 所示,接着,单击工具属性栏中的"添加到"按钮,绘制闪电区域,形成如图 1-39 所示区域,填充黄色,快捷键为 ALT+DEL。接着,按住 CTRL+T 自由变化,调整下角度和大小,最终形成如图 1-40 所示。

最后,单击菜单栏中的"视图"菜单,选择下拉菜单中的"显示",在其下级菜单中选择"网格(G)",隐藏网格。得到我们要的图像。

(5)保存图像。首先选择"文件"/"存储"命令,将第一次保存完成的图像存为 .psd 格式(可以保存图层信息),之后选择"文件"/"存储为"命令,将图像保存为 .jpg 格式方便查看和使用。

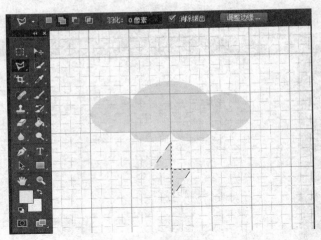

图 1-38　闪电区域

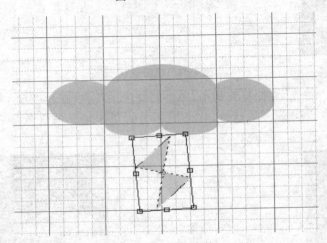

图 1-39　自由变换

图 1-40　效果图

小　结

本节主要讲述了 Photoshop CC 的系统资源配置、软件功能划分及新特性等内容。其中 Photoshop 软件自身的功能是本节学习的重点内容，因为它有利于我们对软件功能的整体了解，这对以后的学习也起到了提纲挈领的作用。

习　题

一、选择题

1. Photoshop 共支持（　　）格式的图像。

A. 10 多种　　　　　　　B. 20 多种　　　　　C. 30 多种　　　　　D. 40 多种

2. 显示或隐藏标尺的快捷键是（　　）。

A. Shift＋R　　　　　　　B. Ctrl＋R　　　　　C. Alt＋R　　　　　D. Shift＋Ctrl＋R

3. Photoshop CC 中一共有（　　）个菜单栏。

A. 11　　　　　　　　　　B. 10　　　　　　　C. 13　　　　　　D. 8

4. 常用的网页图像格式有（　　）。

A. GIF 和 TIFF　　　　　　　　　　　　　B. TIFF 和 JPG

C. GIF 和 JPG　　　　　　　　　　　　　D. TIFF 和 PNG

5. 类型菜单中不包含（　　）。

A. 设置文字工具选项　　　　　　　　　　B. 建立新文字层

C. 设置字符调板选项　　　　　　　　　　D. 恢复操作

二、填空题

1. 计算机图像的两大类型是_____和_____。

2. 可以保存图像中的辅助线、Alpha 通道和图层，并支持所有图像模式的文件格式是_____。

3. 当图像窗口最大化时，标题栏中可以显示的信息包括图像文件名、显示比例、文件格式、图层状态和_____。

4. 当用户选中工具箱的某项工具时，可在_____中设定工具的各种属性。

5. 编辑菜单主要用于在处理图像时_____、_____、恢复操作、变形对象及定义图案、设定键盘快捷键等。

三、判断题

1. 分析菜单中包含设置测量比例、选择数据点、标尺工具、计数工具等。（　　　　）

2. 在 Photoshop CC 的"视图"菜单中，用户可以针对图形的路径、选取范围、网格、参考线、图像切割、备注等分别预览。（　　　　）

四、简答题

1. 简述图像文件存放的格式。

2. Photoshop 软件界面中包含哪些主要的菜单？

3. 简述 Photoshop CC 界面构成。

4. 简述像素的含义。

5. 简述分辨率。

五、上机练习

通过编辑选区操作，制作一幅三原色两两调和的图像，如图 1-41 所示。

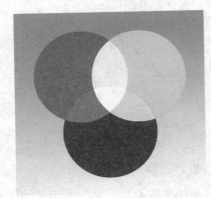

图 1-41　三原色两两调和的图像效果图

制作提示：本练习的核心知识和技能就是要熟练掌握选区的编辑操作，从而实现预期图像效果。

制作分析：本图像的制作流程比较清晰，最难的操作点在于选区保存和载入时的选项设置，其制作流程如图 1-42 所示。

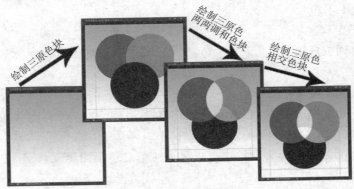

图 1-42　制作流程

参考步骤：

（1）打开素材文件。单击菜单栏中的"文件"/"打开"命令，打开"色环背景.psd"图像，其宽度和高度都为 20 厘米（添加标尺后就可以看到）。

（2）添加标尺和参考线。单击菜单栏中的"视图"/"标尺"命令或按 Ctrl＋R 组合键，显示图像标尺。把光标移动到水平标尺上，当光标变成白色箭头形状时，按住鼠标左键拖拽，在"1 厘米"刻度上释放鼠标，添加第一条水平参考线，同样方法在"9 厘米"刻度处添加第二条参考线，同理，把光标移动到垂直标尺上，也分别在垂直的"1 厘米"和"9 厘米"的刻度上添加垂直参考线，效果如图 1-43 所示。

（3）显示"图层"面板。如果操作界面中没有"图层"控制面板，单击菜单栏中的"窗口"/"图层"命令或按 F7 键可以显示，如图 1-44 所示。

（4）设置颜色并新建图层。设置前景色为红色（R：255，G：0，B：0）。单击"图层"面板下方的█按钮，新建"图层 1"。

（5）选择工具并设置属性。选择"椭圆选框工具"⬤，在工具属性栏中设置"宽度"和"高度"都为"600px"，其他选项设置如图 1-45 所示。

图 1-43　添加标尺和参考线

图 1-44　"图层"面板

图 1-45　椭圆选框工具

（6）创建选区并填充颜色。把鼠标放置在图像的左上角处单击，创建选区（选区边缘最好与参考线相切），然后按 Alt＋Delete 组合键，使用前景色填充选区，得到红色正圆，效果如图 1-46 所示。

（7）保存选区。单击菜单栏中的"选择"/"存储选区"命令，在弹出的"存储选区"对话框中设置各选项，设置完成后单击"确定"按钮，正圆选区被保存为"01"，如图 1-47 所示。

图 1-46　填充红色效果

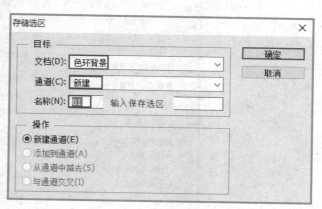

图 1-47　"存储选区"对话框

（8）取消选区并新建图层。按 Ctrl＋D 组合键,取消选区。按 Ctrl＋Shift＋N 组合键,弹出"新建图层"对话框,如图 1-48 所示,其中的选项均为默认设置,单击"确定"按钮,"图层"面板中会产生"图层 2"。

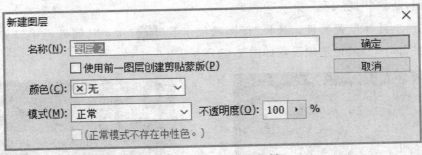

图 1-48　"新建图层"对话框

（9）绘制绿色正圆。设置工具箱中的背景色为绿色(R:0,G:255,B:0)。依照（6）的操作,在图像右上角处创建正圆选区,并按 Ctrl＋Delete 组合键,向选区中填充绿色得到绿色正圆,效果如图 1-49 所示。

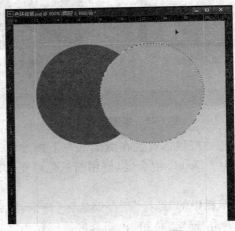

图 1-49　绘制绿色正圆

（10）保存选区为"02"。依照（7）的操作,将该选区保存为"02",如图 1-50 所示。

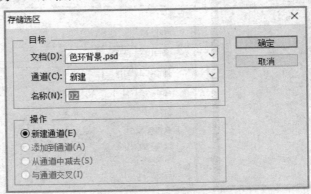

图 1-50　保存为"02"选区

（11）绘制蓝色正圆，并保存选区为"03"。使用上面讲述的任意新建图层的方法，新建"图层3"，绘制正圆选区并填充为蓝色（R：0，G：0，B：255），可以自己选择填充前景色还是背景色。填充后会得到蓝色正圆，最后将该选区保存为"03"。注意，选区不要取消。绘制的蓝色正圆如图1-51所示。

图 1-51　绘制蓝色正圆

（12）载入"01"选区。新建"图层4"，单击菜单栏中的"选择"/"载入选区"命令，在弹出的"载入选区"对话框中设置各选项，如图1-52所示。

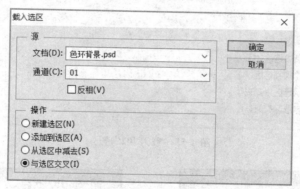

图 1-52　载入"01"选区

（13）确认载入选区操作。设置完成后单击"确定"按钮，"03"选区将与"01"选区相交。将相交的选区填充为紫色（R：255，G：0，B：255），效果如图1-53所示。

（14）载入"03"选区。新建"图层5"，执行"载入选区"命令，将"03"选区载入到原图像中，如图1-54所示。

（15）载入"02"选区。执行"载入选区"命令，在对话框中设置各项参数，如图1-55所示。

（16）确认载入选区操作。单击"确定"按钮后，得到"03"选区与"02"选区相交的部分，填充为淡蓝色（R：0，G：255，B：255），效果如图1-56所示。

（17）编辑黄色色块。新建"图层6"，依照前面讲述的方法，载入"02"选区并与"01"选区相交，然后将其相交的部分填充为黄色（R：255，G：255，B：0），效果如图1-57所示。

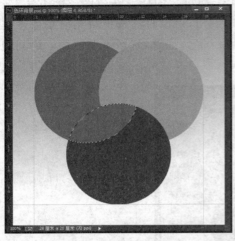

图 1-53　填充紫色色块

图 1-54　载入"03"选区

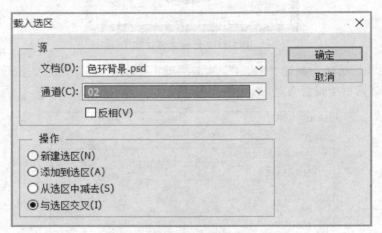

图 1-55　载入"02"选区

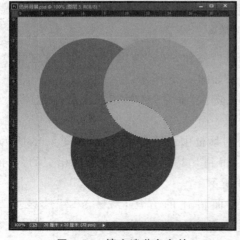

图 1-56　填充淡蓝色色块

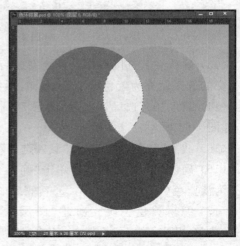

图 1-57　填充黄色色块

（18）编辑白色色块。确保选区不被取消。新建"图层7"，执行"载入选区"命令，以"与选区交叉"的方式载入"03"选区，得到紫色、淡蓝色、黄色色块共有的部分，填充为白色（R：255，G：255，B：255），取消选区，完成制作。最终效果如图1-58所示。

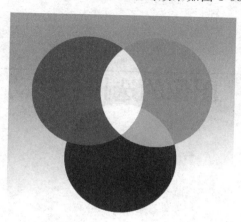

图1-58　最终效果

（19）保存文件。单击菜单栏中的"文件"/"存储为"命令，将该文件保存为"三原色盘.psd"。

2 项目2
Chapter 2
图像的选择和移动

>>> **学习目标**

1. 学会使用矩形选框工具和椭圆选框工具。
2. 学会设置选区的属性。
3. 学会使用套索工具、多边形套索工具和磁性套索工具。
4. 学会使用魔棒工具。
5. 学会选区的添加、减去。
6. 能够灵活应用各种选择工具。

使用 Photoshop CC 对图像进行移动、缩放、旋转、调整色彩和滤镜变换等几乎所有的编辑操作都需要利用选取工具选中被编辑的图像对象。因此,图像选取工具的使用是 Photoshop 设计工作的基础和核心。本项目主要介绍选择工具的使用方法等相关内容。

任务 1 制作公司标志

| 任务分析 |

本任务是通过设置选区后填充颜色来完成制作"General Light"——普通照明设备联合会的标志,如图 2-1 所示。本任务的核心知识和技能就是要学会使用矩形选框工具以及选区的操作,从而实现预期图像效果。

| 任务知识 |

1. 矩形选框工具

在 Photoshop 中,基本的图像选取工具有:选框工具组、套索工具组及魔棒工具,如图 2-2 所示。其中,选框工具又称面罩工具,主要用来创建一些比较规则的选区(如矩形、椭圆、正方形和正圆）。本任务主要使用矩形选框工具，矩形选框工具是选框工具组中成员之一，选框工具组如图 2-3 所示。

图 2-1　General Light 公司标志效果图　　图 2-2　基本的图像选取工具　　图 2-3　选框工具组

"矩形选框工具" ▥ : 使用该工具可以创建矩形或正方形选区。

"椭圆选框工具" ◯ : 使用该工具可以创建椭圆或圆选区。

"单行选框工具" ▭ : 使用该工具可以创建高度只有 1 个像素的单行选区。

"单列选框工具" ▯ : 使用该工具可以创建高度只有 1 个像素的单列选区。

选中矩形选框工具，鼠标指针变为十字形状，在图像上单击鼠标左键并拖拽，之后释放鼠标左键，此时会出现一个由蚂蚁线（即虚线）组成的选框，它被称为矩形选区，如图 2-4 所示。按 Ctrl＋D 组合键，取消选区。

图 2-4　矩形选区

2. 矩形选框工具属性

当选择"矩形选框工具"后，在属性栏上就会显示该选框工具可以设置的属性（其他选框工具的属性非常类似），如图 2-5 所示。下面介绍属性栏中各属性的意义。

图 2-5　"矩形选框工具"属性栏

1）新建选区

在"矩形选框工具"的默认模式下，可以用鼠标创建新的选区范围，按 Ctrl＋D 快捷键可以取消选区。

2）添加到选区

在原有的选择范围的基础上添加新的选区，所得到的是两个选区的并集。通过选择"矩形选框工具"属性栏中"添加到选区"命令，或者在新建选区模式下，按住 Shift 键进行选择，也可以进行选区的添加，如图 2-6 所示。

3）从选区减去

在原有的选择范围的基础上再减去新选区，其结果是两个选区的差集。通过选择"矩形

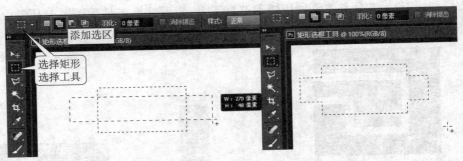

图 2-6　添加到选区

选框工具"属性栏中"从选区减去"命令，或者在新建选区模式下，按住 Alt 键进行选择，也可以进行选区的减少，如图 2-7 所示。

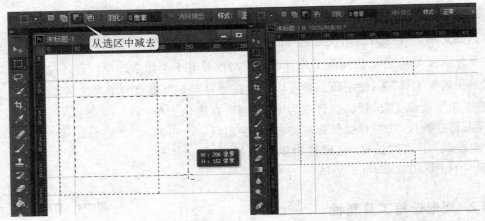

图 2-7　从选区减去

4) 与选区交叉

选择原有的选择范围与新添加的选择范围重叠的部分，通过选择"矩形选框工具"属性栏中"与选区交叉"命令，或者在新建选区模式下，按住 Shift＋Alt 快捷键进行选区交叉选择，如图 2-8 所示。

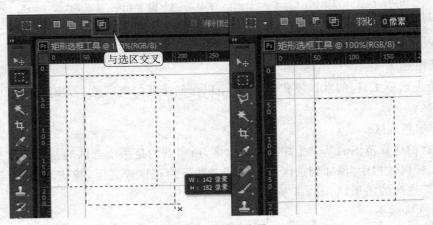

图 2-8　与选区交叉

5）羽化

在"矩形选框工具"属性栏中设置"羽化"值为 20 像素，如图 2-9 所示。可以柔化选择区域的边缘，产生渐变过渡效果。在图像中绘制矩形选区，此时的矩形选区由于设置适量的羽化值而变成了圆角矩形的效果，如图 2-10 所示。

图 2-9　"羽化"选项设置

图 2-10　羽化后的选区

注意：使用菜单栏中的"选择"/"修改"/"羽化"命令也可以实现羽化效果。

6）消除锯齿

选择该选项，可以消除选择范围的锯齿现象，使选区边缘趋于平滑。

7）样式

该选项只在矩形选框工具选项栏中可用，包括以下三种方式。

（1）正常。默认的选择方式，可以通过拖拽鼠标自定义选区的大小和比例。

（2）固定比例。选择该选项，可以在后面的"宽度"和"高度"文本框中输入相应的数值，以便设置选区的宽度和高度的比例。

例如：选择"矩形选框工具"属性栏中"样式"选项的右侧按钮，在弹出的选项中选择"固定比例"选项并设置其他参数，如图 2-11 所示。

图 2-11　"固定比例"选项设置

鼠标左键单击图像并拖拽，生成的选区宽度与高度的比例为设定的 1∶2，效果如图 2-12 所示。

（3）固定大小。选择该选项，可以直接在后面的"宽度"和"高度"文本框中输入数值，以便设置矩形或椭圆的大小。重新设置"样式"选项为"固定大小"，并调整"宽度"为 300 像素和"高度"为 400 像素，如图 2-13 所示。

图 2-12　按固定比例绘制的选区

用鼠标左键单击图像后，即可生成宽度为 300 像素、高度为 400 像素的固定选区，如图 2-14 所示。

8）调整边缘

调整边缘是对选区边缘的设置，可以从该选项卡中设置选

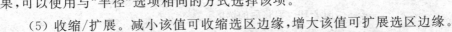

图 2-13 "固定大小"选项设置

区,主要包括以下 5 种类型的设置。

(1) 半径。增加羽化范围"半径",可以改善包含柔滑过渡或细节的区域中的边缘。"正常"为默认的选择方式,可以通过拖拽鼠标自定义选区的大小和比例。

(2) 对比度。添加"对比度"可以使柔化边缘变得犀利,并去除选区边缘模糊的不自然感。

(3) 平滑。平滑可以去除选区边缘的锯齿状边缘,使用"半径"选项可以恢复一些细节。选择该选项,可以在后面的"宽度"和"高度"文本框中输入相应的数值,以便设置选区的宽度和高度的比例。

(4) 羽化。同选项栏中的羽化效果相似,要获得更精细的效果,可以使用与"半径"选项相同的方式选择该项。

图 2-14 按固定大小绘制的选区

(5) 收缩/扩展。减小该值可收缩选区边缘,增大该值可扩展选区边缘。

综合运用以上介绍的选区运算属性 ▢▢▢▢ (新选区、添加到选区、从选区减去、与选区交叉),可以创建更为复杂的选区。

任务实施

本任务的核心知识和技能就是学会使用矩形选框工具以及选区的运算操作,通过设置选区后填充颜色从而实现 General Light 公司标志效果图,其详细的制作步骤如下。

(1) 新建一个图像文件,设置文件名称为"公司标志",宽度和高度均为 500 像素,如图 2-15 所示。

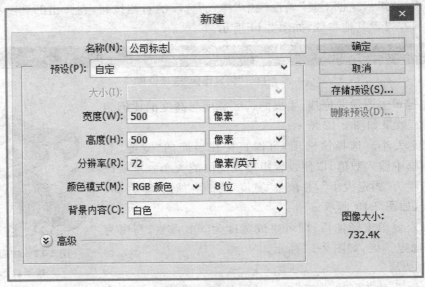

图 2-15 新建文件

选择"视图"/"显示"/"网格"命令,显示网格辅助线。选择工具箱中的"矩形选框工具",单击鼠标左键同时按下 Shift 键在画布中绘制一个大小为 6.91cm×6.91cm 的正方形选区,使用油漆桶工具填充,颜色值为♯040268,如图 2-16 所示。

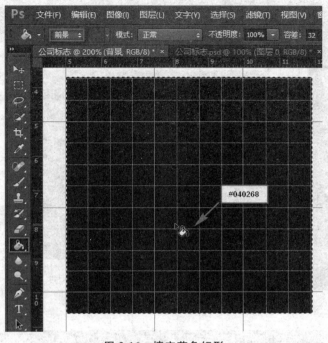

图 2-16 填充蓝色矩形

(2) 在蓝色选区中创建白色选区。新建图层,单击"矩形选框工具"下的"从选区减去"按钮,在蓝色选区中拖拽矩形(注意光标指向的位置,利用快捷键 Ctrl+R 显示标尺可辅助作图),如图 2-17 所示。

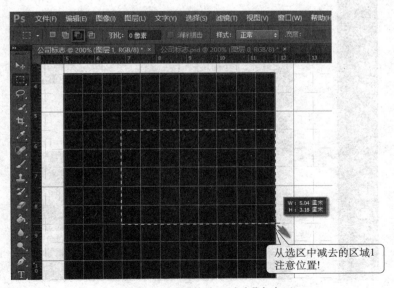

图 2-17 执行"从选区减去"命令

第二次执行"从选区减去"命令,鼠标松开后即可得到一个不规则的矩形区域,如图 2-18 所示。使用油漆桶工具进行颜色填充,填充色为白色,如图 2-19 所示。

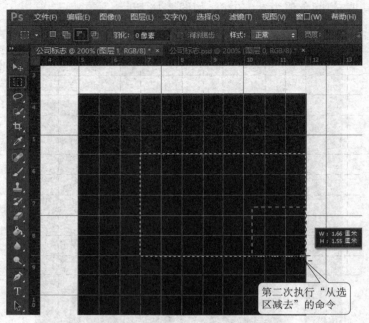

图 2-18　第二次执行"从选区减去"命令

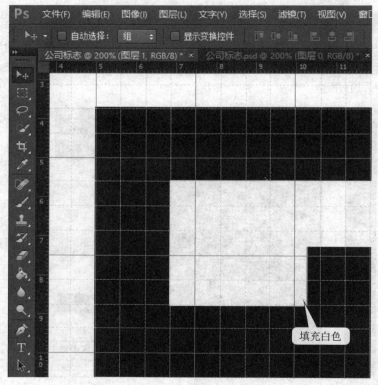

图 2-19　填充白色

（3）在白色区域中添加粉红色不规则矩形区域。新建图层，单击"矩形选框工具"下的"添加到选区"按钮，在白色选区中拖拽矩形（拖拽矩形的大小和位置可参考图片），如图 2-20 所示。

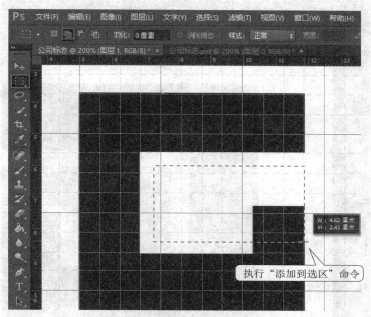

图 2-20　执行"添加到选区"命令

单击"从选区减去"按钮，拖拽矩形中去掉多余的部分，如图 2-21 所示。使用油漆桶工具进行填充，填充颜色为♯ff0048。填充效果如图 2-22 所示。

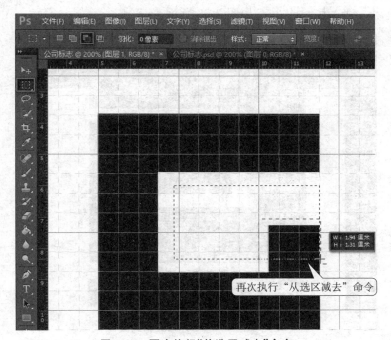

图 2-21　再次执行"从选区减去"命令

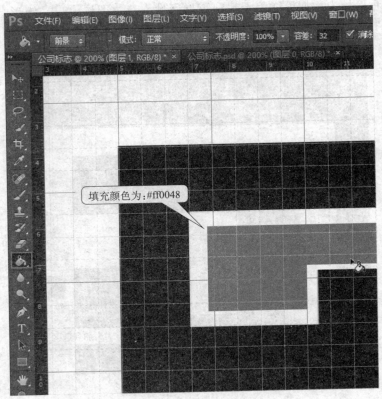

图 2-22　填充颜色

（4）添加文字。使用"横排文字工具"添加"General Light"的文字。字体为 D3 Global-ism，字号为 28 点，颜色为＃040268，如图 2-23 所示。

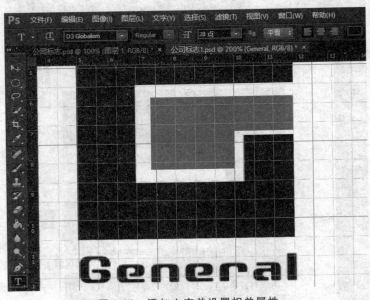

图 2-23　添加文字并设置相关属性

使用移动工具调整文字位置,如图 2-24 所示。

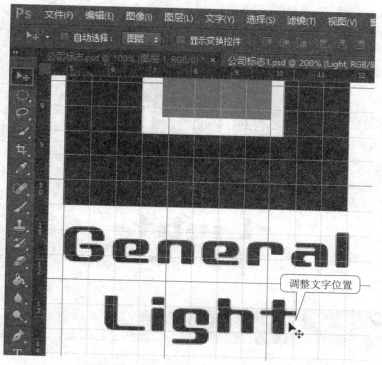

图 2-24　使用移动工具调整文字位置

（5）添加文字处粉色矩形块。新建图层,使用"矩形选框工具"画矩形并填充颜色 ＃ff0048。在图层面板中复制该图层。按下 Ctrl＋T 快捷键,选中该图层中的内容并按住方向键向右平移调整位置,如图 2-25 所示。

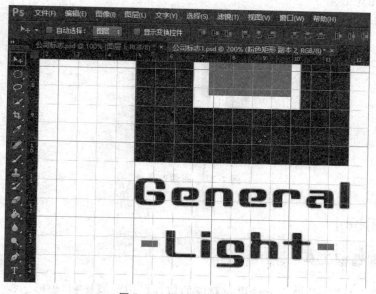

图 2-25　添加粉色矩形框

　　(6) 去掉网格。在图层面板中按下 Ctrl 键分别单击选中所有图层，按 Ctrl＋E 键拼合选中图层，完成该作品，效果如图 2-26 所示。

图 2-26　最终效果图

任务 2　制作百度外卖标志

|任务分析|

　　本任务主要是利用椭圆选框工具以及相应快捷键，绘制百度外卖图标，如图 2-27 所示。本任务的核心知识和技能就是要学会使用椭圆选框工具、矩形选框工具及选区的运算操作，从而实现预期图像效果。

图 2-27　图像效果图

|任务知识|

1. 椭圆选框工具

　　"椭圆选框工具" ◯ 的使用方法以及对应的属性栏中的属性和"矩形选框工具"的使用方法及属性非常相似，在此不再赘述。

2. 椭圆选框工具快捷键

（1）使用"椭圆选框工具"⊙命令时，按住 Shift 键并拖动鼠标，可创建圆形选区；使用"矩形选框工具"时，按住 Shift 键并拖动鼠标，可创建正方形选区。

（2）当按下 Alt 键绘制椭圆或矩形时，绘制的是以光标落点为圆心或中心的椭圆和矩形。

（3）使用"椭圆选框工具"和"矩形选框工具"命令时，按下 Shift＋Alt 组合键，则可以分别绘制以光标落点为中心的圆或正方形，以光标落点为中心的圆如图 2-28 所示。

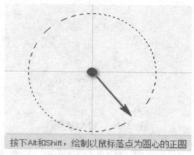

图 2-28　以光标落点为中心的正圆

｜任务实施｜

（1）新建图像文件，设置文件名称为"百度外卖"，设置宽度和高度均为 500 像素，分辨率为 72 像素/英寸，颜色模式为 RGB。如图 2-29 所示。

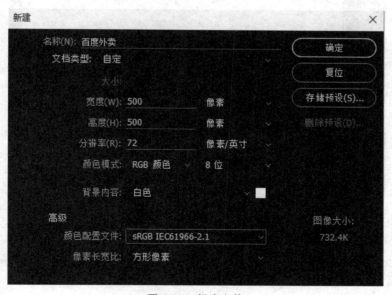

图 2-29　新建文件

（2）选择"矩形选框工具"，拖动鼠标，绘制出矩形选区。接着从属性栏中选择"添加到选区"。再次按下鼠标左键后绘制矩形选区，如图 2-30 所示。

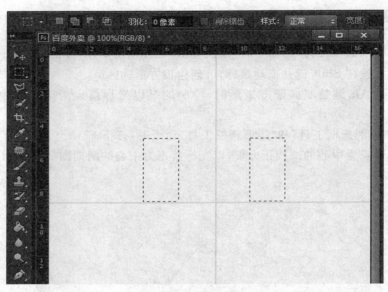

图 2-30 绘制圆环

（3）选择"椭圆选框工具"，仍然选择"添加到选区"。绘制椭圆选区。如图 2-31 所示。

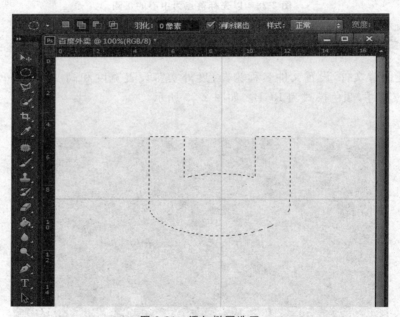

图 2-31 添加椭圆选区

（4）选择"椭圆选框工具"，选择"从选区中减去"。绘制椭圆选区。然后选择"矩形选框工具"，选择"从选区中减去"，绘制如图 2-32 下区域所示，接着"选择添加到选区"，得到如图2-32 所示图案。

（5）设置前景色颜色为♯bd0409，如图 2-33 所示。新建图层 1，按下 Alt＋Delete 快捷键使用前景色填充选区。如图 2-34 所示。

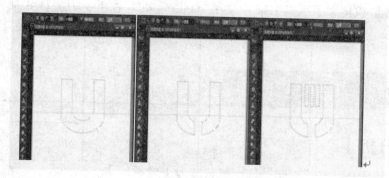

图 2-32 选区运算

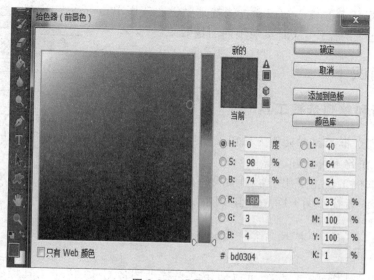

图 2-33 设置前景色

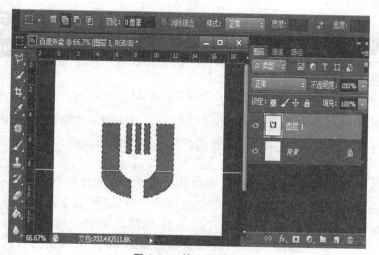

图 2-34 填充前景色

（6）选择 T "横排文字工具"，输入文字"百度外卖"。按下 Ctrl＋H 快捷键，隐藏辅助线，任务完成。

任务3　制作 DIY 信纸

| 任务分析 |

本任务主要是利用单行选框工具绘制宽度为 1 像素的水平线选区，通过填充颜色，绘制横格线，制作 DIY 信纸，效果如图 2-35 所示。本任务的核心知识和技能就是要学会使用单行选框工具以及选区的操作，从而实现预期图像效果。

| 任务知识 |

1. 单行和单列选框工具

图 2-35　DIY 图像效果图

单行和单列选框工具的使用方法以及对应的属性与椭圆和矩形选框工具的使用方法和属性非常相似，在此不再赘述。

单行单列选框工具主要用于绘制细线。在创建选区后，可以通过 Alt＋Delete 组合键为其填充前景色，或者按 Ctrl＋Delete 组合键为其填充背景色。

2. 移动工具

移动工具按钮 ，顾名思义，可以使用它来移动图像对象，位于工具栏中第一的位置。其属性栏如图 2-36 所示。

图 2-36　移动工具属性栏

单击工具栏中的移动工具 ，并且在工具属性栏中勾选"自动选择"/"图层"选项。在 Photoshop 中打开两幅图像，使用移动工具可以将一幅图像拖动到另一幅图像中，如图 2-37 所示。

使用移动工具移动图像有两种情况：一种是在同一图像文件中移动；另一种是在不同的图像文件间相互移动。当在同一幅图像中使用移动工具时，若图像是只有一个背景图层的图像，如果使用移动工具直接移动背景层中的图像，会弹出如图 2-38 所示的信息提醒框。

此时，按住 Ctrl＋A 快捷键，可以将背景全部选中，然后就可以使用移动工具随意移动背景中的图像了。需要注意的是，背景图像移动后留下的空白区域会自动填充工具箱中的背景色，效果如图 2-39 所示。

图 2-37　移动图像

图 2-38　信息提醒框

图 2-39　移动后的背景图像

　　当在工具属性栏中勾选"显示变换控件"选项时,图像周围就会出现变形框,把光标移动到变形框的任意一个角的点,按住鼠标左键拖拽可以任意缩放或旋转选区内的图像,如图 2-40 所示。

图 2-40　缩放及旋转图像效果

当图像中有选区时,使用移动工具移动的是选区中的内容。例如当图像中的羊被选中后,在使用移动工具拖动图像到另一幅图像中时,只有选中的内容被拖动过去了,如图 2-41 所示。

图 2-41　在两幅图像间移动选区中的内容

如图 2-41 所示,在两幅图像之间移动选中内容是"复制"的操作。若在一幅图像中移动选中的内容则是"剪切"的操作,如图 2-42 所示。

图 2-42　在一幅图像中移动选区中的内容

选择移动工具,并按住 Alt 键拖动鼠标,则可以复制选中的内容,如图 2-43 所示。

图 2-43　在一幅图像中复制选中内容

在 Photoshop 中,"移动工具"命令可以实现以下四种操作。

（1）自动选择图层：在属性栏中设置"自动选择图层"选项。

（2）自动选择图层组：在属性栏中设置"自动选择图层组"选项。

（3）自由变换图像：在属性栏中设置"显示变换控件"选项。

（4）自动对齐图层：使用移动工具属性栏中的"对齐"按钮。

移动选区与移动选区中的内容不同，移动选区不能使用移动工具。当使用选区工具创建选区后，可以直接将光标放置在选区中，按下鼠标左键进行移动，如图 2-44 所示。

图 2-44　创建选区并移动

也可以选择菜单栏中的"选择"菜单下的"变换选区"命令，如图 2-45 所示。这里可以通过键盘上的上下左右键调整选区的位置，此时也可以通过右击鼠标在弹出的菜单中选择对选区形状的变换，例如旋转、透视、斜切等，如图 2-46 所示，按 Enter 键确认变换。

图 2-45　通过变换选区移动

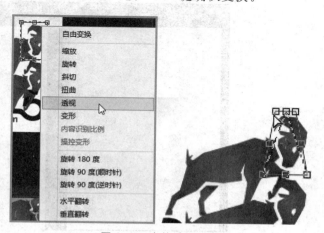

图 2-46　变换选区形状

注意：这里的"变换选区"命令与之前使用过的"自由变换"命令（快捷键为 Ctrl＋T）不

同,"变换选区"只改变选区的位置和形状,"自由变换"改变的是选中的内容的位置和形状。

任务实施

(1) 新建一个 300 像素×500 像素的 RGB 图像文件,名称为"DIY 信纸",如图 2-47 所示。

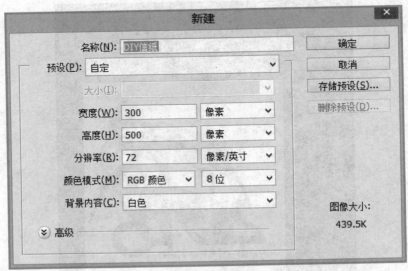

图 2-47　新建文件

(2) 单击菜单栏中的"文件",选择下拉菜单中的"打开"(快捷键 Ctrl+O),在打开对话框中选择任务 2 中完成的"百度外卖.jpg"。鼠标拖拽文件的标题,可以将多个文件独立的摆放在图像编辑窗口中。还可以通过鼠标在图像文件窗体的右下角拖拽,调整窗口的大小。如图 2-48 所示。

图 2-48　打开图像

（3）选择移动工具，将"百度外卖.jpg"图片拖拽到新建文件 DIY 信纸中，摆正位置。调整图层 1 的不透明度为 11%。如图 2-49 所示：

图 2-49 拖入新图层并调整不透明度

（4）单击图层面板底部的"创建新图层"按钮/新建图层 2，选择单行选框工具，把鼠标放置在图像中单击，出现一条单行选区。

注意：这是一个只有"1 像素"像素高的选区范围。使用 🔍 在图像中单击，将图像放大到一定比例后就可以看到这个选区，如图 2-50 所示。

图 2-50 创建的单行选区以及放大后的效果

（5）设置前景色为黑色，按下 Alt＋Delete 组合键为一个像素的选区填充黑色，按下 Ctrl＋D 快捷键取消选区，得到一条水平线。同样的方法，可以制作出多条水平线。如图 2-51 所示。

图 2-51　绘制多条横线

（6）使用矩形选框工具，在图层 2 中，选画笔两边一定宽度，按下 Delete 键删除顶边的横线，如图 2-52 所示，最后按下 Ctrl＋D 取消选择，完成 DIY 信纸的制作。

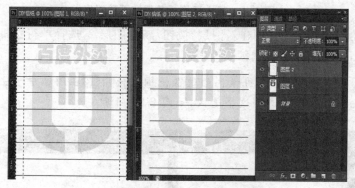

图 2-52　删除边缘横线

任务 4　制作宝马佩奇卡通图

｜任务分析｜

本任务是使用选择工具和移动工具通过拼图，制作宝马佩奇卡通图。如下图 2-53 所示。本任务的核心知识和技能就是要学会使用套索和魔棒工具以及选区的计算等操作，移动选中内容和宝马标志图像拼合，从而实现预期图像效果。

素材图片如图 2-54 所示。

图 2-53　效果图

图 2-54　素材图片

|任务知识|

1. 套索工具组

套索工具组中的工具主要用来创建一些不规则选区。套索工具组中包括的工具如图 2-55 所示。

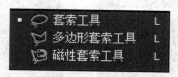

图 2-55　套索工具组

"套索工具" :可以在图像中随意创建曲面选区或选择曲面图像。适合创建比较随意的选区,选择一些精确度要求不是太高的图像。

"多边形套索工具" :可以在图像中随意创建直面选区。适合选择图形轮廓为直线的图形或图像。

"磁性套索工具" :可以沿图像外轮廓创建选区。适合选择图形或图像轮廓或背景颜色较为分明的图像。

2. 套索工具组的使用

1)套索工具

在工具箱中选择"套索工具" ,将鼠标指针移至图像窗口,在需要选取图像处按下鼠标左键不放,并拖动光标选取所需要的范围。最后,光标回到起点位置,松开鼠标左键,即可选择一个不规则形状的范围,如图 2-56 所示。

2)多边形套索工具

多边形套索工具也可以用来选择不规则形状的几何形状,如三角形、五角星形等,它的操作和一般的套索工具有明显不同。

图 2-56　套索工具的使用

　　首先在工具栏中单击多边形套索工具,再将鼠标指针移至工作区域中,单击以确定起点位置。移动鼠标指针至要改变方向的转折点,选择好需要改变的角度和距离,单击鼠标左键,直到选中所有的范围并回到起点。当鼠标指针的右下角出现一个小圆圈时,单击即可封闭并选中该区域,如图 2-57 所示。

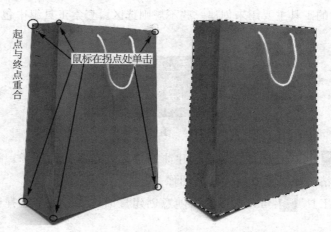

图 2-57　多边形套索工具的使用

　　注意:在选取过程中,如果出现操作错误,可以按下 Delete 键删除最后选取的一条线段,效果与按下 Esc 键相同。

　　3) 磁性套索工具

　　磁性套索工具能够根据鼠标指针经过的位置处不同像素值的差别,对边界进行分析,自动创建选区。它的特点是能够方便、准确地选取边界形状较为复杂的图像区域。使用的操作步骤如下。

　　(1) 在工具箱中单击磁性套索工具。将鼠标指针移动至工作区域,在图像中单击设置第一个紧固点,紧固点将选框固定住。

　　(2) 沿着要选取的物体边缘移动鼠标指针,自动出现根据"对比度"和"频率"得出的磁性拐点。当选区终点回到起点时,鼠标指针右下角会出现一个小圆圈,此时单击即可完成选取,如图 2-58 所示。

图 2-58　磁性套索工具的使用

注意: 在选取过程中,除了自动出现的磁性拐点外,还可以通过点击鼠标,设置磁性拐点。

（3）在磁性套索工具的属性栏中可以设置其"对比度"和"频率"等相关参数,如图 2-59 所示。

图 2-59　"磁性套索工具"的工具属性栏

磁性套索工具选项栏中各选项的参数如下。

"宽度":设置"磁性套索工具"选取对象时监测的边缘宽度,其范围在 1～40 像素之间,磁性套索工具只检测从指针开始指定距离以内的边缘。

"频率":设置选取时的定点数,范围在 1～100 之间,数值越大则产生的节点越多,选取的速度将更快。

"对比度":设置选取时的边缘反差,范围在 1%～100% 之间,当数值较高时,检测与它们的环境对比鲜明的边缘,当数值较低时,检测对比度较低的边缘。

"钢笔压力":在使用光笔绘图板时,增大光笔压力,则边缘宽度减小。

3. 快速选择工具

"快速选择工具" 能够调整鼠标指针圆形区域大小来绘制选区,在图像中单击并拖动光标即可。这是一种基于色彩差别但却是用画笔智能查找主体边缘的新方法。"快速选择工具"的工具属性栏如图 2-60 所示。

图 2-60　"快速选择工具"的工具属性栏

基本操作:在工具栏里打开"快速选择工具",选择合适大小的画笔,在主体内按住画笔并稍加拖动,选区便会自动延伸,查找到主体的边缘。

选择方式：无选区时默认的选择方式是"新建"；选区建立后，自动改为"添加到选区"；如果按住 Alt 键，选择方式变为"从选区减去"，如图 2-61 所示。

图 2-61 选区建立后的选择方式为"添加到选区"

画笔：初选离边缘较远的较大区域时，画笔尺寸可以大些，以提高选取的效率；但对于小块的主体或修整边缘时则要换成小尺寸的画笔。总而言之，大画笔选择快但粗糙且易多选，小画笔选择慢但精度高。

更改画笔大小的方法：建立选区后，按[键可减小快速选择工具画笔的大小，按]键可增大画笔大小。

"自动增强"：勾选此项后，可减少选区边界的粗糙度和块效应。即选中"自动增强"后，使选区向主体边缘进一步流动并做出一些边缘调整。一般应勾选此项。

"调整边缘"：单击该按钮会打开"调整边缘"对话框，在对话框中可以对所做的选区做精细调整，可以控制选区的半径和对比度，可以羽化选区，也可以通过调节光滑度来去除锯齿状边缘，同时并不会使选区边缘变模糊，以及以较小的数值增大或减小选区大小，如图 2-62 所示。

4. 魔棒工具

"魔棒工具"适用于选择图像中颜色相近的区域。在工具箱中选择魔棒工具后，在图像中单击某点，即可选择与当前单击处颜色相同或者相近的区域。它可以很方便地选取一些色彩不是很丰富，或者色彩对比很鲜明的图像。可以通过在工具属性栏中修改相应的设置来改变魔棒工具的相似颜色范围，如图 2-63 所示。

"容差"：指在此文本框中可以输入 0～255 之间的数值来表示选区范围的容差，默认值为 32。输入的值越小，选取的颜色范围越相近。

"消除锯齿"：勾选此复选框可以消除选择区域边缘的锯齿，平滑选区边缘。

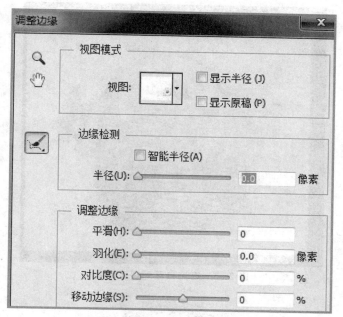

图 2-62　"调整边缘"对话框

图 2-63　"魔棒工具"的工具属性栏

"对所有图层取样"：勾选此复选框，则使用魔棒工具进行的选取操作将会对所有图层起作用。如果不勾选该选框，则只对当前图层起作用。

"连续"：勾选此复选框表示只能选中单击处邻近区域中的相同像素。不勾选该复选框则表示只可以选中与该像素相近的所有区域，默认情况下，此复选框处于勾选状态。

例如，要将一幅图中的花篮和花从白色背景中选出来，使用魔棒工具就能够非常容易地实现。

（1）选择工具箱中的魔棒工具，或者按快捷键 W。在工具属性栏中取消勾选"连续"选项，设置"容差"为 19，如图 2-64 所示。

图 2-64　设置魔棒工具

（2）单击图像中的空白区域，此时图中大部分背景色区域被选中，如图 2-65 所示。

（3）单击属性栏中"添加到选区"命令，再次单击没有被选中的背景区域，将新选区添加到原来的选区，如图 2-66 所示。

（4）选择"选择"/"反选"命令，或者按 Ctrl＋Shift＋I 组合键，即可选中花篮和花，如图 2-67 所示。

图 2-65　在空白区域单击鼠标

图 2-66　将没有选中的区域添加到选区

图 2-67　反选得到内容区域

|任务实施|

（1）打开素材图片"宝马图标.jpg"和"小猪佩奇.jpg"。使用"椭圆选框工具"，设置羽化值为"0"，在"小猪佩奇.jpg"文件中，选择头部区域，如图 2-68 所示。

图 2-68 打开文件选择内容

（2）使用"移动工具"，将选择区域拖动到"宝马图标素材.jpg"图像文件中，得到图层 1，如图 2-69 所示。

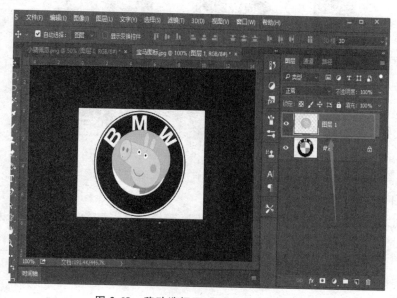

图 2-69 移动选择区域到另外一幅图像

（3）按 Ctrl＋T 快捷键，变换图层 1 中的内容，按下 Shift 键将鼠标放置右下角的变换点，按下鼠标左键拖拽鼠标，等比例放大内容区域，如图 2-70 所示。按 Enter 键确认变换。使用移动工具调整位置，如图 2-71 所示。

图 2-70　等比例放大图像

图 2-71　移动图层内容位置

（4）选择"魔棒"工具，设置"容差"为 35，勾选"连续"，在"小猪佩奇"的脸部单击，选择连续的头部区域。之后，选择"套索工具"，并设置属性为"添加到选区"，将没有被选中的眼睛和鼻子之外的区域选进选区。如图 2-72 所示。

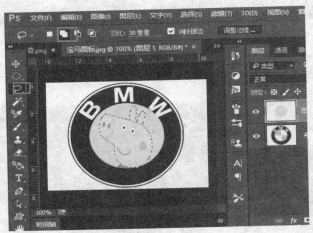

图 2-72　头部区域全部选中

按下 Delete 键，删除选中部分，如图 2-73 所示。

按下 Ctrl＋D 键，取消选区。

（5）回到"宝马图标 .jpg"图像中，使用"快速选择工具"选择中心区域，按下 Delete 键，删除选中部分，如图 2-74 所示。最终显示图层 1 得到效果图，如图 2-75 所示。

图 2-73　脸部之外的区域全部选中

图 2-74　删除宝马标志中心

图 2-75　最终效果图

任务5 制作蔬菜厨师图

任务分析

本任务中蔬菜厨师图的制作可以分为两个部分:图像的选取和图像的组合。需要用到图像选取工具的知识,以实现最终效果,如图 2-76 所示。

任务知识

选区的编辑操作,即创建选区之后,对其进行更加深入的编辑,以使选区符合要求。"选择"菜单中包含用于编辑的各种命令。

图 2-76　蔬菜厨师效果图

1. 创建边界选区

选择"选择"/"修改"/"边界"命令,可以将选区的边界向内部和外部扩展,扩展后的边界与原来的边界形成新的选区。"宽度"选项用于设置选区扩展的像素值,将该像素设置为 30 像素,原选区会分别向内和向外扩展 15 像素,如图 2-77 所示。

图 2-77　修改边界

2. 平滑选区

选择"选择"/"平滑"命令,可以对选区边缘进行平滑处理,"取样半径"选项用来设置选区的平滑范围,如图 2-78 所示。

3. 扩展和收缩选区

选择"选择"/"修改"/"扩展"命令,通过"扩展量"选项可以扩展选区范围,如图 2-79 所示。

图 2-78 平滑处理

图 2-79 扩展选区

选择"选择"/"修改"/"收缩"命令,通过"收缩量"选项可以收缩选区范围,如图 2-80 所示。

图 2-80 收缩选区

4. 羽化选区

"羽化"命令用于对选区进行羽化,通过建立选区与选区周围像素之间的转换边界来模糊边缘,这种模糊方式将丢失选区边缘的一些图像细节。

选择"选择"/"修改"/"羽化"命令,"羽化半径"选项可以调整羽化范围的大小;使用"椭圆选框工具" 选取"模特.jpg"中人的头部,单击移动工具 把选中的图像移动到"水晶球.jpg"中,按 Ctrl+T 快捷键缩小图像,此时图像边缘界限分明,选择"选择"/"修改"/"羽化"命令,设置羽化半径为 40 像素,可以看到图像周围颜色变淡,周围没有明显的选区界限,如图 2-81 所示。

如果选区较小而羽化半径设置的较大,就会弹出一个羽化警告,如图 2-82 所示。单击

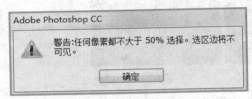

图 2-81　羽化选区

"确定"按钮,表示确认当前设置的羽化半径,这时选区可能变得非常模糊,以至于在画面中看不到,但选区依然存在。如果不想出现该警告,应减少羽化半径或增大选区的范围。

图 2-82　羽化警告

5. 扩大选区和选取相似

"扩大选区"和"选取相似"都是用来扩展现有选区的命令,执行该命令时,Photoshop 会基于魔棒工具属性栏中的"容差"值来决定选区的扩展范围,"容差"值越高,选区扩展的范围就越大。

选择"选择"/"扩大选区"命令时,可以将选区按照当前选择的颜色把相连且颜色相近的部分扩充到选区中,如图 2-83 所示。

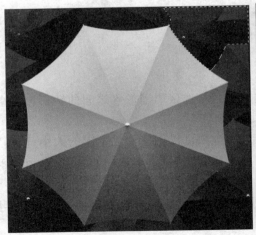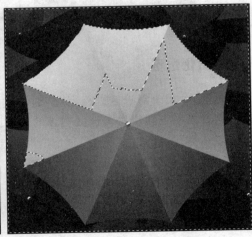

图 2-83　扩大选区

选择"选择"/"选取相似"命令时,可将图像中不一定是相连的所有与选区内的图像颜色相近的部分扩充到选区中,如图 2-84 所示。

图 2-84 选取相似

6. 变换选区

选择"选择"/"变换选区"命令,可以在选区上显示定界框,拖动控制点即可单独对选区进行旋转、缩放等变换操作,选区内的图像不会受到任何影响,如图 2-85 所示。

图 2-85 "变换选区"命令

如果执行"编辑"/"变换"命令操作,则会对选区及选中的对象同时应用变换,如图 2-86所示。

选区的变换操作与图像的变换操作方法相同。

7. 存储选区

创建好选区之后,为了防止操作失误而造成选区丢失,或者以后要使用该选区,可以将选区保存起来。图 2-87 为创建好的选区。

图 2-86 "变换"命令

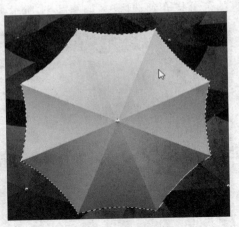

图 2-87 创建好的选区

选择"选择"/"存储选区"命令,打开"存储选区"对话框,如图 2-88 所示,可从中设置选区的名称等选项,并将其保存到 Alpha 通道中。

图 2-88 设置选区并保存到 Alpha 通道中

"文档":在下拉列表中可以选择保存选区的目标文件。默认情况下选区保存在当前文档中,也可以选择将其保存在一个新建的文档中。

"通道":选择将选区保存到一个新建的通道,或保存到其他 Alpha 通道。

"名称":用来设置选区的名称。

"操作":如果保存选区的目标文件包含有选区,则可以选择如何在通道中合并选区。选择"新建通道",可以将当前选区存储在新通道;选择"添加到通道",可以将选区添加到目标通道的现有选区中;选择"从通道中减去",可以从目标通道内的现有选区中减去当前的选区;选择"与通道交叉",可以从与当前选区和目标通道中的现有选区交叉的区域中存储一个选区。

8. 载入选区

存储选区后,选择"选择"/"载入选区"命令,弹出"载入选区"对话框,将选区载入图像,如图 2-89 所示。

图 2-89 "载入选区"对话框

"文档":用来选择包含选区的目标文件。

"通道":用来选择包含选区的通道。

"反相":可以反转选区,相当于载入选区后选择"反相"命令。

"操作":如果当前文档中包含选区,可以通过该选项设置如何合并载入的选区。选择"新建选区",可以用载入的选区替换当前选区;选择"添加到选区",可以将载入的选区添加到当前选区中;选择"从选区中减去",可以从当前选区中减去载入的选区;选择"与选区交叉",可以得到载入的选区与当前选区交叉的区域。

任务实施

（1）打开蔬菜厨师素材图片"素材.jpg",如图 2-90 所示。

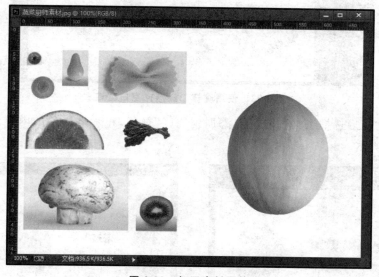

图 2-90 打开素材图片

（2）在"文件"菜单栏下单击"新建"命令或按 Ctrl＋N 快捷键,弹出"新建"对话框,名称为"蔬菜厨师",并设置宽度和高度均为 400 像素,如图 2-91 所示。

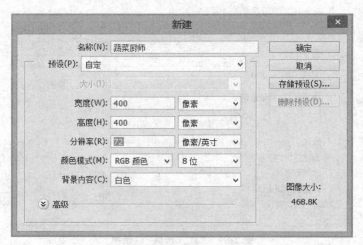

图 2-91　新建文件

（3）选择木瓜作为"厨师的脸"。在素材文件中使用"魔棒工具"单击白色画布区域，如图 2-92 所示。此时选中了木瓜等水果以外的白色区域。

图 2-92　使用魔棒工具选择空白区域

然后选择"矩形选框工具"并选中"添加到选区"模式，将木瓜以外的内容添加到选区内部，如图 2-93 所示。

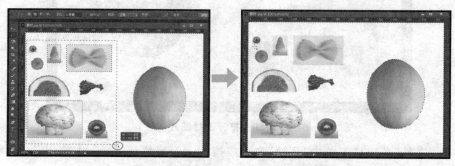

图 2-93　选中除木瓜以外的所有区域

选择"选择"/"反选"命令,或者按 Shift+Ctrl+I 快捷键选择,则选中木瓜。

(4) 使用"移动工具",或按下 Ctrl 键不放,当鼠标呈剪刀状时,单击鼠标左键将木瓜拖到新建文件"蔬菜厨师.jpg"中释放鼠标,如图 2-94 所示。

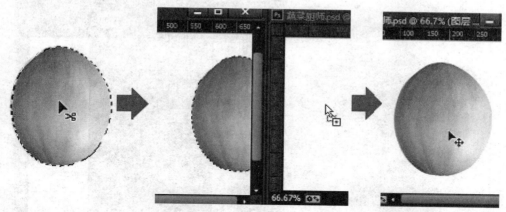

图 2-94　移动图像

在新建文件"蔬菜厨师.jpg"中的图层面板中,出现了新图层"图层 1",其中放置着刚刚移动过去的木瓜。为了可以方便地了解每个图层存放的内容,可以将图层 1 改名为 face。双击图层名称后,输入新的名字即可,如图 2-95 所示。

图 2-95　移动图像后为图层改名

(5) 选择并移动作为"鼻子""嘴巴""帽子""领结""眼镜框""眼珠"等对象的图像,依然可以采用(3)的方法,先使用魔棒工具、矩形选框工具,以及通过选区的运算,选择所选对象以外的内容,之后利用"反向",选中要选的内容。再按照(4)中的操作方法,将选择的内容拖动到"蔬菜厨师.jpg"文件中,并将图层重新命名,如图 2-96 所示。

(6) 使用移动工具选择图层"BigLeftEye"作为左眼眶,之后按下 Ctrl 键,单击图层"Lit-tleLeftEye"作为左眼珠。此时将这两个图层全部选中,然后拖动这两个图层到图层面板中的"新建"按钮上拷贝这两个图层,如图 2-97 所示。

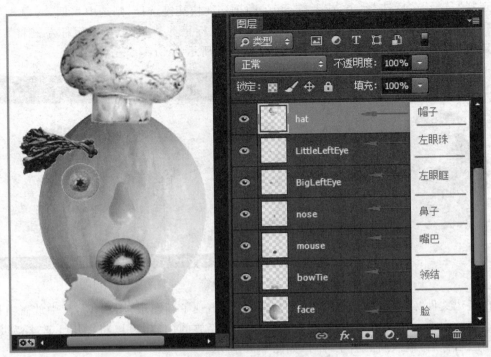

图 2-96　移动图像并对各图层命名

图 2-97　拷贝图层

使用移动工具调整拷贝图层到合适的位置(或者根据需要按下键盘中的方向键调整位置),如图 2-98 所示。

图 2-98　拷贝眼睛图层并调整位置

（7）用同样的方法选择、移动、拷贝"眉毛"，如图 2-99 所示。

图 2-99　复制眉毛图层并调整位置

如图 2-99 所示，还需要调整右眉毛的方向，按 Ctrl＋T 快捷键，选择右眉毛，单击鼠标右键，在弹出的快捷菜单中选择"水平翻转"，如图 2-100 所示，按 Enter 键确认变换。

（8）与（7）中的操作类似，选择、移动、自由变换"耳朵"，将左耳逆时针旋转，之后拷贝"左耳图层"，并将其水平翻转，如图 2-101 所示，按 Enter 键确认变换。

（9）通过调整图层位置设置图层层叠效果。将左右耳朵两个图层以及帽子图层移动到脸图层下方，如图 2-102 所示。

至此，蔬菜厨师图制作完毕。

需要说明的是，选择对象的方法有很多种，读者可以根据自己对工具的掌握程度和习惯进行选择。例如，可以使用工具栏中的"快速选择工具"并设置各项参数，如图 2-103 所示。

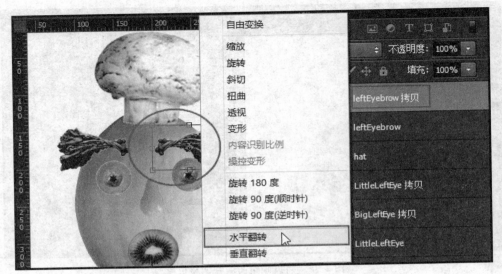

图 2-100　水平翻转眉毛

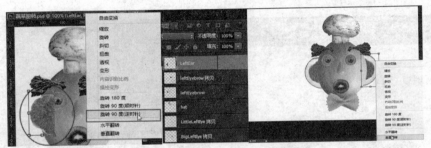

图 2-101　自由变换耳朵图层

图 2-102　调整图层位置

选取蔬菜厨师身体部分的素材,如图 2-104 所示。

图 2-103　"快速选择工具"属性栏

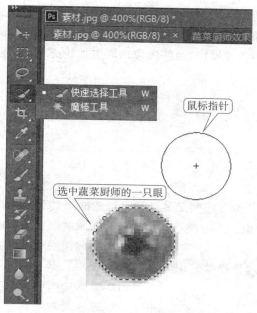

图 2-104　选择"眼睛"

另外,在拖动素材过程中可能出现图层覆盖情况,只需选中各个图层进行移动操作,调整图层顺序即可,如图 2-105 所示。

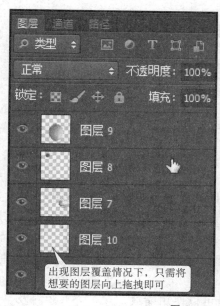

图 2-105　调整图层顺序

小　　结

本项目详细介绍了基本选区工具的使用方法和操作技巧,以及选区的一系列编辑操作。进行选取图形或图像的操作时,一定要分析使用哪一种工具能够既快速又方便地完成选取任务。掌握本项目介绍的各种操作,会使图像选取更加快捷,而且还能编辑出各种各样的选区形态。

习　　题

一、选择题

1. Photoshop 中利用"单行选框工具"或"多行选框工具"选中的是(　　)。

　A. 拖动区域中的对象　　　　　　　　B. 图像横向或竖向的像素

　C. 一行或一列像素　　　　　　　　　D. 当前图层中的像素

2. 使用(　　)可以选择连续的相似颜色的区域。

　A. 矩形选框工具　　　　　　　　　　B. 椭圆选框工具

　C. 魔棒工具　　　　　　　　　　　　D. 磁性套索工具

3. 使用(　　)时,会受到所选物体边缘与背景对比度的影响。

　A. 矩形选框工具　　　　　　　　　　B. 椭圆选框工具

　C. 多边形套索工具　　　　　　　　　D. 磁性套索工具

4. 下面对"魔棒工具"描述正确的是(　　)。

　A. 在魔棒选项调板中可通过改变容差数值来控制选择范围

　B. 在魔棒选项调板中,容差数值越大选择颜色范围也越小

　C. 魔棒工具只能作用于当前图层

　D. 可以在选项调板中设定"羽化"值

5. "反选"命令的快捷键是(　　)。

　A. Shift＋Ctrl＋A　　　　　　　　　B. Shift＋Ctrl＋Z

　C. Shift＋Ctrl＋I　　　　　　　　　D. Ctrl＋Alt＋D

二、填空题

1. 在使用选框工具、套索工具或魔棒工具时,可以修改选择方式来创建选区。选择方式有四种,分别是新选区、_____、_____和_____,用于控制选区的增减。

2. _____命令可以将选区变得连续且平滑,其一般用于修整使用套索工具建立的选区;_____命令可以使选区边缘变得柔和及平滑,使图像边缘柔和地过渡到图像背景颜色中。

3. Photoshop 中的四种选框工具分别是_____、_____、_____和_____。

4. 在 Photoshop 中,用户对选区进行变换时可以使用缩放、_____、倾斜及_____操作。

5. 选择工具箱中的魔棒工具时,工具属性栏就会有容差设置,容差是用于设置颜色取样时的范围,其有效值为＿＿＿＿＿＿,系统默认值为＿＿＿＿＿＿。

三、判断题

1. 图像分辨率的单位是 dpi。(　　　)

2. Photoshop 中使用"魔棒工具"可生成浮动的选区。(　　　)

3. "单行选框工具"或"单列选框工具"所形成的选区可以填充。(　　　)

4. 在"磁性套索工具"的工具属性栏中,"频率"是用来控制"磁性套索工具"生成固定点的多少,频率越高,就能越快地固定选择边缘。(　　　)

四、简答题

1. 指出下列快捷键的功能:Ctrl＋D、Ctrl＋A、Ctrl＋M、Ctrl＋L 和 Ctrl＋V。

2. 在什么情况下使用魔棒工具可以很方便地在图像中创建复杂的不规则选区?

五、上机练习

制作奥运五环标志图像,如图 2-106 所示。

图 2-106　奥运五环标志效果图

制作提示:本练习的核心知识和技能就是要熟练掌握选区绘制与计算,从而实现预期图像效果。

制作分析:通过椭圆选框工具以及选区的绘制与运算制作圆环,并且用到了"新建图层"命令。除此之外,还用到了"橡皮擦"工具。

参考步骤:

(1) 新建一个宽度为 800 像素、高度为 500 像素的文件,将名称改为"奥运五环",如图 2-107 所示。

新建		
名称(N): 奥运五环	确定	
预设(P): 自定	复位	
大小(I):	存储预设(S)...	
宽度(W): 800　像素	删除预设(D)...	
高度(H): 500　像素		
分辨率(R): 72　像素/英寸		
颜色模式(M): RGB 颜色　8 位		
背景内容(C): 白色	图像大小:	
高级	1.14M	

图 2-107　新建文件并命名为"奥运五环"

（2）选择"视图"/"显示"/"网格"命令，如图 2-108 所示。

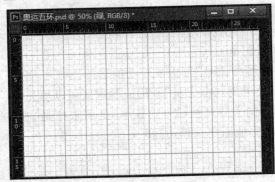

图 2-108　网格视图

（3）选择"椭圆选框工具"，新建图层并将名字改为"蓝"，按 Alt＋Shift 快捷键在图上绘制正圆，如图 2-109 所示。

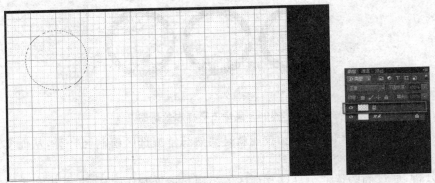

图 2-109　绘制正圆

（4）选择"从选区中减去"，在圆的圆心处按 Alt＋Shift 键绘制正圆，如图 2-110 所示。

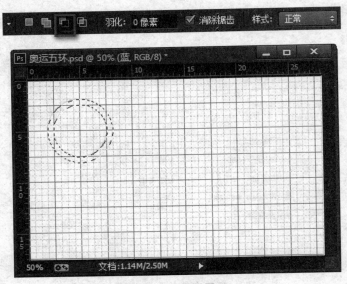

图 2-110　绘制圆环

（5）将前景色调成蓝色，按 Alt＋Delete 键填充前景色，按 Ctrl＋D 快捷键取消选区，如图 2-111 所示。

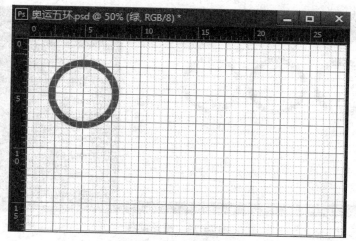

图 2-111　填充颜色

（6）新建图层并将图层名改为"黑"，用同样的方法绘出黑色圆环，如图 2-112 所示。并用同样的方法画出红、黄、绿色圆环，如图 2-113 所示。

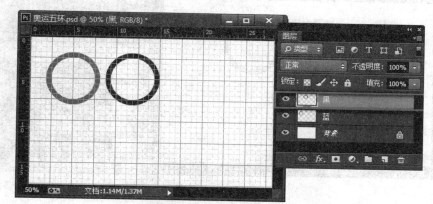

图 2-112　绘制黑色圆环

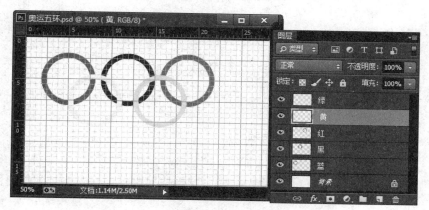

图 2-113　绘制五环

（7）按 Ctrl＋快捷键取消网格，按 Ctrl 键单击蓝色图层的小方块出现选区，并选中黄色图层用"橡皮擦"工具将多余的颜色擦掉，如图 2-114 所示。

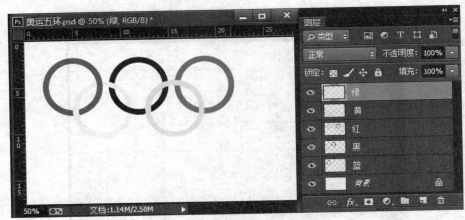

图 2-114　擦掉蓝色

（8）同样的方法将其余的多余颜色擦掉。最终效果如图 2-115 所示。

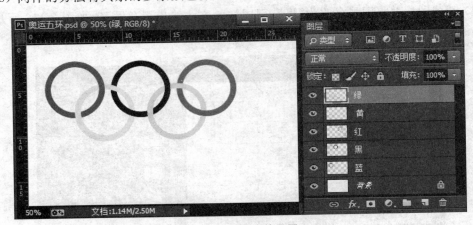

图 2-115　最终效果图

3 项目3
Chapter 3 图像的绘制

>>> **学习目标**

1. 学会画笔的设置。
2. 学会画笔的存储与载入。
3. 学会画笔笔尖形状的定义。
4. 学会油漆桶工具的设置与使用。
5. 学会编辑渐变色带。
6. 学会渐变编辑器的设置。

在 Photoshop CC 中可以使用画笔、选区、路径等工具绘制图像。其中,画笔工具的应用领域虽然并不广泛,一般只是在需要修改局部图像或创建线条图案时才使用。但是,通过画笔的灵活使用可以简单地实现一些特殊效果。本项目主要通过使用画笔工具完成绘图任务,从而掌握画笔工具的强大功能及使用技巧。另外,在前面的学习中,已经学习了利用选区来绘制图像,在绘制过程中有一个重要步骤就是颜色填充。在 Photoshop 中为图像或选区填充颜色的工具主要有两种:渐变工具和油漆桶工具。本项目将利用这两种工具完成图像的填充操作,从而掌握填充工具的使用技巧。

任务 1　制作画册封面

| 任务分析 |

本任务中,使用油漆桶等工具制作画册封面,效果如图 3-1 所示。

图 3-1　效果图

|任务知识|

1. 油漆桶工具

工具箱中的绘画工具和编辑工具是绘制图形和处理图像的重要工具,其中绘画工具包括油漆桶工具、渐变工具、画笔工具和铅笔工具。

使用油漆桶工具可以在图像中填充颜色或图案,它的填充范围是与鼠标单击处像素相同或相近的像素点。

选择工具箱中的"油漆桶工具" ,其属性栏如图 3-2 所示。

图 3-2　油漆桶工具的属性栏

填充类型:默认的填充类型为"前景"命令,可以单击"拾色器"设置前景色,应用油漆桶工具在图像中填充前景色;单击下拉列表选择"图案"命令,此时"图案"选项被激活,可打开图像预设列表选择填充的图案,如图 3-3 所示。

图 3-3　"图案"选项面板

"模式":将当前图层与位于其下方的图层进行混合,从而出现另一种图像显示效果。

"不透明度":不透明度决定内容显示的程度,当不透明度为100%时,填充的内容完全显示;当不透明度为0时,填充内容完全隐藏。

"容差":容差用于定义一个颜色相似度(相对于所单击的像素),一个像素必须达到此颜色相似度才会被填充。容差值的范围可以从0~255,低容差会填充颜色值范围内与所单击像素非常相似的像素,容差值越大,填充的范围越大。

"消除锯齿":选择"消除锯齿"选项,可以平滑填充选区的边缘。

"连续的":选择"连续的"选项,可以填充与所单击像素邻近的像素;不选择该选项,则填充图像中的所有相似像素。

"所有图层":决定填充的颜色和图案是只填充到当前图层还是给所有图层添加。

2. 定义图案

在图像中,用矩形选框工具绘制选区,将要定义的图像选中,然后选择"编辑"/"定义图案"命令,可以自定义图案。在使用矩形选框工具时,羽化值必须设定为零。

1)"填充"命令

选择"编辑"/"填充"命令,可以为选区或选中的图层填充颜色或图案。"填充"命令与"油漆桶工具"填充的范围有所不同,油漆桶工具只能用于填充图像或选区中颜色相接近的区域部分,而"填充"命令则可用于填充图像中任意画面或选区部分。

2)"描边"命令

选择要描边的区域或图层,选择"编辑"/"描边"命令,弹出"描边"对话框,如图3-4所示,可以在选区或图层周围绘制彩色边框。

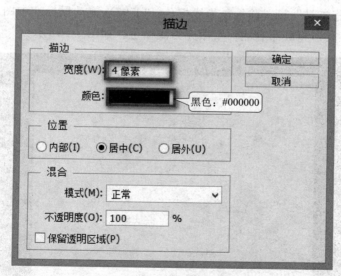

图3-4 "描边"对话框

"描边"对话框中主要选项的含义如下。

"宽度":可以指定边框的宽度。

"颜色":单击色块可以显示拾色器,在拾色器中,可以选择要描边的颜色。

"位置":可以指定在选区或图层边界的内部、外部还是中心描边。

|任务实施|

(1) 新建一个图像文件,设置文件名称为"中秋贺卡",宽度为 6 000 像素,高度为 4 000 像素,分辨率为 120 像素/英寸,颜色模式为 RGB 颜色。如图 3-5 所示。

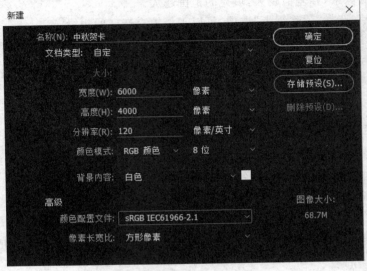

图 3-5　新建文件

(2) 新建图层,设置前景色为棕色(f2bd55),选择"矩形选框工具",拖动鼠标选中图片左侧一半的位置(可以使用标尺辅助作图),选择"油漆桶工具",将画布左侧一半填充为棕色。继续选择"矩形选框工具",设置前景色为浅棕色(f3d597),拖动鼠标选中图片右侧一半的位置,选择"油漆桶工具",将画布右侧一半填充为浅棕色。如图 3-6 所示。

图 3-6　设置贺卡背景色

（3）选用工具栏中的"画笔工具"选择柔角画笔，设置前景色为浅色（f7e8cb），设置画笔大小为1 800。如图3-7所示。在图片左上角涂抹，绘制高光效果。如图3-8所示。

图3-7　设置画笔

图3-8　绘制高光效果

（4）制作"中秋节快乐"标题。选用"文字工具"在图片中分别输入文字"中秋节快乐"，并且设置字体（华文行楷）颜色（6e2c12），把"秋"字放大，将文字摆放为金字塔形，衬托出"秋"字。如图3-9所示。栅格化所有文字图层，并且合并为一个图层。

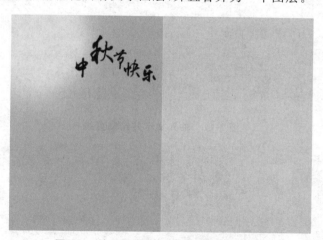

图3-9　输入文字并且合适摆放文字位置

（5）在"中秋节快乐"下输入英文和日期，设置文字颜色（6e2c12）、样式（Brush Script MT）、大小（72点），在文字右上方插入花边素材。标题制作完成。效果如图3-10所示。

（6）在图片左侧输入文字，设置文字大小（48点）、样式（隶书）、颜色（6e2c12）。用工具栏中的"直线工具"在文字上下都绘制直线。如图3-11所示。

（7）在图片中插入花纹素材边框素材，分别摆放在图片合适位置。插入印章素材，设置合适的印章素材的大小和颜色（e1b45b），摆放在左侧。再复制印章素材，放大到合适效果，摆放在图片右侧。如图3-12所示。

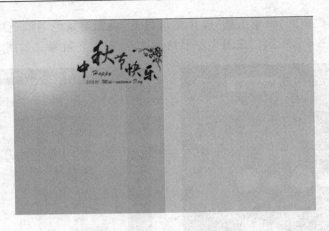

图 3-10　插入其他文字和素材

图 3-11　输入文字并绘制直线

图 3-12　插入素材

（8）复制"中秋节快乐"标题，用快捷键 Ctrl＋T 把标题变小，摆放在图片右侧。效果如图 3-13 所示。

图 3-13　复制标题

（9）在图片中输入文字，并且设置不同的字体和文字大小，并且把文字图层的透明度设置为 60％。效果如图 3-14 所示。

图 3-14　插入文字

（10）设置底部留言框。在图片底部插入边框素材。如图 3-15 所示。然后利用工具栏中的"魔棒工具"选中边框内空白的部分，利用"油漆桶工具"在其内部填充颜色（ead09c）。如图 3-16 所示。

图 3-15

图 3-16　在边框内部填充背景颜色

（11）重复（10），在另一面也设置一个底部留言框。设置更深的内部背景颜色（bb936a）。如图 3-17 所示。

图 3-17

（12）在底部留言框内输入文字，并设置透明度为 50％。如图 3-18 所示。中秋贺卡制作完成。

图 3-18　最终效果图

(13) 选择"文件"/"存储为"命令,弹出"存储为"对话框,设置文件存储位置,单击"确定"按钮。

任务拓展

为图像制作纹理

本任务是为一幅图片制作纹理效果,如图 3-19 所示。

图 3-19 纹理效果图

(1) 新建一个 5×5 像素的文件,将其用放大镜工具🔍放大至 3 200%,如图 3-20 所示。

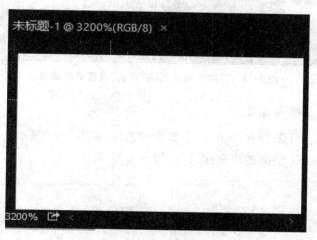

图 3-20 新建的文件

(2) 单击工具箱中的 ◾ 设置"前景色""背景色",弹出"拾色器"对话框,选择中灰色,如图 3-21 所示。

(3) 新建"图层 1",并单击"背景图层"前面的 👁 图标,将背景层隐藏,图层面板及效果如图 3-22 所示。

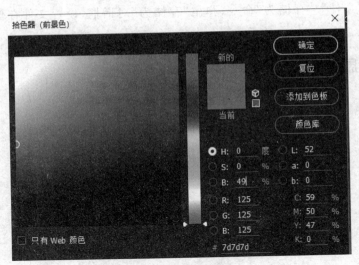

图 3-21　拾色器

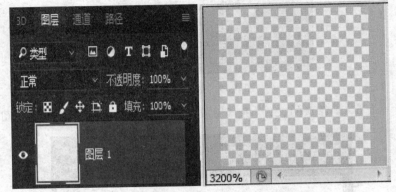

图 3-22　图层面板及隐藏"背景"图层后的效果

注意:灰白格代表透明。

（4）选择选框工具 ，建立一个 1×1 像素的选区,如图 3-23 所示。

（5）按 Alt＋Delete 快捷键填充前景色,如图 3-24 所示。

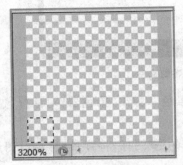

图 3-23　建立选区

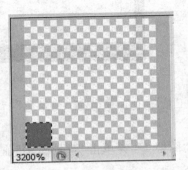

图 3-24　填充效果

（6）依次按下键盘中向上和向右的方向键移动选区,再次填充前景色,多次重复此操作,最终效果如图 3-25 所示。

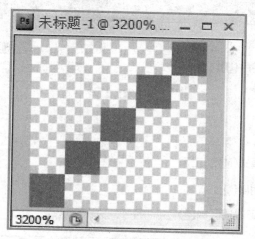

图 3-25 最终填充效果

(7) 执行"编辑"/"定义图案"命令,打开"图案名称"对话框,如图 3-26 所示。

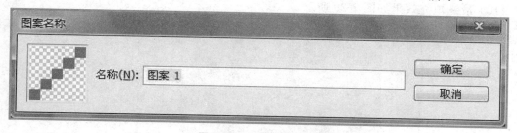

图 3-26 设置图案名称

(8) 打开"海边 . JPG"文件并新建图层,图层面板和图像如图 3-27 所示。

图 3-27 图像及图层面板

(9) 执行"编辑"/"填充"命令,打开"填充"对话框,如图 3-28 所示。选择图案填充,在"自定图案"下拉列表中选择刚定义的图案。

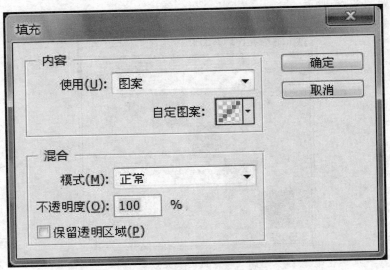

图 3-28　"填充"对话框

（10）最终填充效果如图 3-29 所示。

图 3-29　填充的斜纹效果

任务 2　制作圆锥体

|任务分析|

　　本任务是使用选区和渐变工具完成圆锥体的绘制,本任务的核心知识和技能是渐变工具的设置和使用,主要包括渐变色带颜色过渡的设置、渐变色带透明度过渡的设置、渐变工具模式设置等。圆锥效果图如图 3-30 所示。

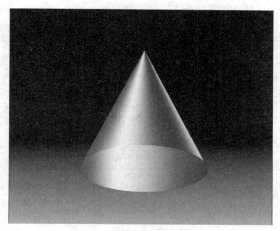

图 3-30　圆锥效果图

| 任务知识 |

1. 渐变工具属性

"渐变工具" ▨▨ 是一种特殊的填充工具,通过它可以填充几种渐变色组成的颜色。

首先选择好渐变方式和渐变色彩,然后在图像中单击定义渐变起点,并拖动鼠标左键控制渐变效果,再次单击鼠标左键定义渐变终点,完成目标区域的渐变填充。选择工具箱中的"渐变工具",属性栏中常用的参数设置如图 3-31 所示。

图 3-31　"渐变工具"属性栏

色彩编辑:选择和编辑渐变的色彩。单击色彩渐变条会弹出"渐变编辑器"对话框,在"渐变编辑器"对话框中可以设置不同的渐变色彩。

渐变方式:主要有以下 5 种渐变方式。

- 线性渐变:从起点到终点做线状渐变。
- 径向渐变:从起点到终点做放射状渐变。
- 角度渐变:从起点到终点做逆时针渐变。
- 对称渐变:从起点到终点做对称直线渐变。
- 菱形渐变:从起点到终点做菱形渐变。

"模式":进行渐变填充时的色彩混合模式。

"不透明度":用于设置渐变填充的色彩混合模式,数值越大,渐变填充的透明度越低。

"反向":勾选"反向"复选框,渐变色的渐变方向会改变。

"仿色":勾选"仿色"复选框,渐变效果会更加平滑。

"透明区域":勾选"透明区域"复选框,可以保持渐变设置中的透明度。

设置完渐变工具的属性后,可以使用"渐变工具"填充图像或选择区域。

(1) 新建或打开某个图像文件,如图 3-32 所示。首先选择图像中需要填充渐变颜色的区域,如果不选择,则表示对整个图像窗口进行填充。

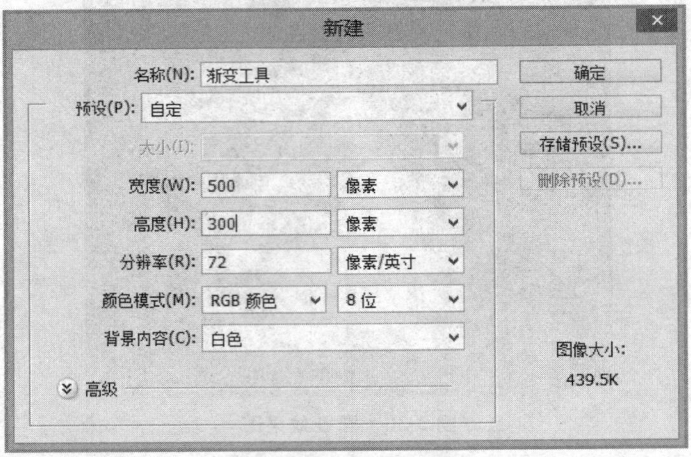

图 3-32　新建文件

(2) 选择工具箱中的"渐变工具",单击属性栏中 ▇▇▇▇ 右侧的下拉列表按钮,再单击其下拉列表中的 ⚙ 按钮,在弹出的下拉菜单中选择"蜡笔"样式,如图 3-33 所示。

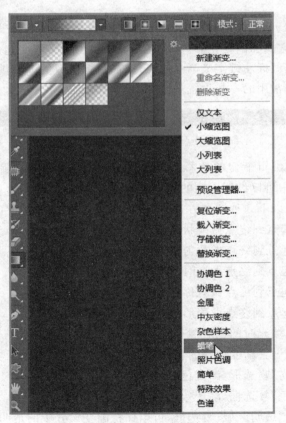

图 3-33　选择渐变样式

(3) 弹出确认对话框,单击"追加"按钮即可将渐变样式添加到下拉列表框中,选择渐变颜色为"黄色、粉色、紫色",渐变方式为"线性渐变",如图 3-34 所示。

图 3-34　选择渐变模式

（4）将鼠标指针指向图像窗口中,在左上角按住鼠标左键拖动到右下角,具体操作如图 3-35所示。

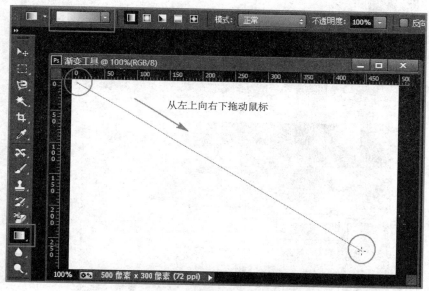

图 3-35　填充渐变色

注意:选择"渐变工具"后,在图像窗口中按住鼠标左键不放进行绘制,则起始点到结束点之间会显示出一条提示直线,如图 3-35所示。鼠标拖动的方向决定填充后的颜色倾斜的方向。另外,提示线的长短也会直接影响渐变色的最终效果。

（5）释放鼠标左键,即可在未选择区域填充相应的渐变颜色,填充效果如图 3-36 所示。

2. 渐变色带设置

对渐变颜色进行编辑就需要打开"渐变编辑器"对话框。

1）载入渐变颜色

在该对话框中可以将设置的渐变颜色载入。单击"预设"栏右边 ⚙ 按钮,弹出下拉菜单,选择所需要的渐变类型名称,即可载入预设颜色,如图 3-37 所示。

色带上面的色标控制不透明度,下面的色标控制色带颜色。

图 3-36　渐变填充效果

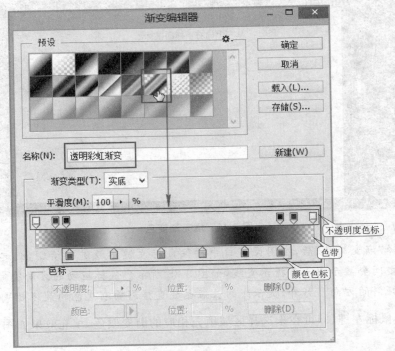

图 3-37　载入预设颜色

2）自定义渐变颜色

除了可以在"渐变编辑器"对话框中载入预设的渐变颜色外，还可以修改色带颜色和不透明度，从而自定义渐变的颜色和透明度。

在对话框中渐变颜色条下方的空白位置处单击鼠标左键即可添加一个色标，然后在"色标"栏中单击"颜色"按钮，弹出"拾色器"对话框，在其中设置渐变颜色，如图 3-38 所示。

使用鼠标拖动色标至离开色带，就可以删除色带上对应的该颜色。

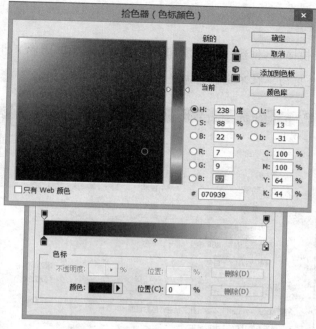

图 3-38　设置色标颜色

　　在渐变颜色条的上方添加控制不透明度的色标。与在下方添加颜色色标类似，在上面则可以添加标记来控制色带的不透明度，选中则可以调整其不透明度和位置，如图 3-39 所示。拖离则删除该不透明度色标。

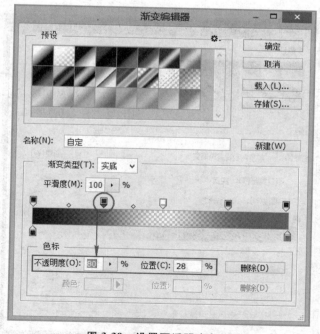

图 3-39　设置不透明度色标

任务实施

（1）按Ctrl＋N快捷键，创建一个宽度和高度均为5厘米的图像文件，如图3-40所示。

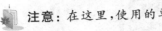 注意：在这里，使用的单位不是像素而是厘米。

图 3-40　新建文件参数

（2）单击工具箱中"渐变工具"  属性栏中的 按钮，弹出"渐变编辑器"对话框，如图3-41所示。

图 3-41　"渐变编辑器"对话框

（3）单击对话框中的"确定"按钮，确认将渐变设置为黑色至白色的渐变。

（4）在"渐变工具"属性栏中设置其他参数，如图 3-42 所示。

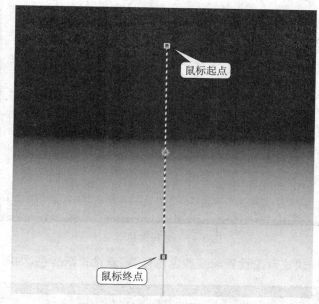

图 3-42 "渐变工具"属性栏参数设置

（5）把鼠标放置在图像中，按住 Shift 键的同时，自上而下拖动鼠标向图像中填充黑色至白色的渐变，效果如图 3-43 所示。

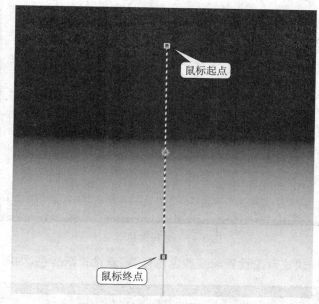

鼠标起点

鼠标终点

图 3-43 填充黑色至白色的渐变

（6）按 Ctrl＋Shift＋N 快捷键，新建"图层 1"并在该层中创建一个羽化值为 0 像素的矩形选区，如图 3-44 所示。

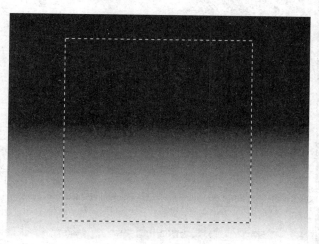

图 3-44 创建矩形选区

（7）在"预设"中单击系统自带的"铜色渐变"，如图 3-45 所示。

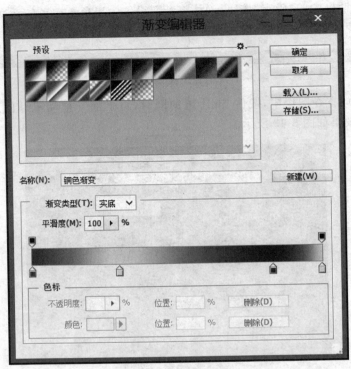

图 3-45　选择铜色渐变

（8）在图 3-45 中快速双击设置渐变颜色色标，重新设置渐变色，如图 3-46 所示。

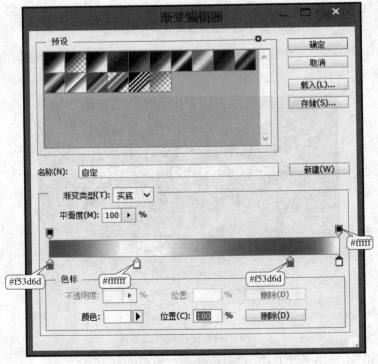

图 3-46　重新设置渐变色

（9）确定编辑的渐变色，渐变工具属性栏中的选项设置与（4）相同。把鼠标放置在选区的左边缘，按住 Shift 键的同时自左向右拖拽鼠标，填充渐变颜色，效果如图 3-47 所示。

图 3-47　填充渐变色

（10）按下 Ctrl＋T 快捷键，把鼠标放置在变形框右上角的一点处，按下 Ctrl＋Alt＋Shift 组合键的同时沿水平方向左拖拽鼠标，编辑圆锥雏形，效果如图 3-48 所示。

图 3-48　编辑圆锥雏形

（11）按下 Enter 键确认变形操作，按下 Ctrl＋D 快捷键取消选区。根据基本的透视原理，圆锥底部不是一条直线而是弧线，下面来完成这条弧线。

（12）新建"图层 2"，并在该层中创建一个羽化值为 0 像素的椭圆选区，选区的长轴应与圆锥底部的直径相吻合，如图 3-49 所示。

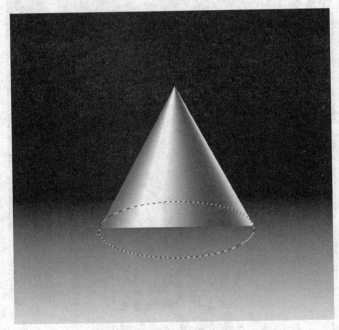

图 3-49　创建椭圆选区

（13）单击渐变工具属性栏中的按钮，在弹出的"渐变编辑器"对话框中单击最右侧表示反光效果的色标，将原右侧第二个色标单击选择并拖拽到最右侧，其他色标位置不变，如图 3-50 所示。

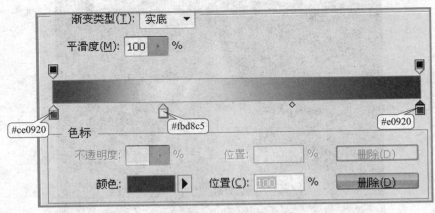

图 3-50　"渐变编辑器"对话框

（14）依照（9）的操作，将编辑好的渐变色填充到椭圆选区中，效果如图 3-51 所示。

（15）根据整个图像的光源方向进行调整，使得圆锥底部与圆锥上部的明暗有所变化，效果如图 3-52 所示。

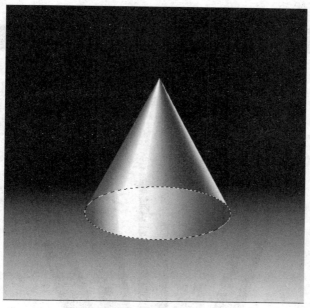

图 3-51 填充椭圆选区

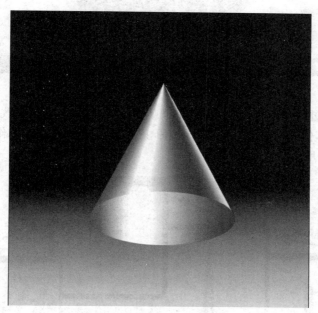

图 3-52 圆锥明暗效果图

（16）按下 Ctrl＋S 快捷键，将该文件保存为"圆锥.psd"。

任务拓展

制作彩色铅笔

彩色铅笔是我们熟悉的绘图工具之一，本节主要讲解如何使用 Photoshop 绘制彩色铅笔,其效果如图 3-53 所示。

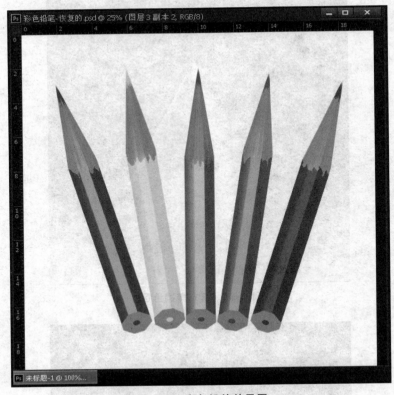

图 3-53　彩色铅笔效果图

　　本任务的制作过程相对复杂,运用的知识点比较多,有些知识点是我们在后面章节才能学到的。不要担心,任务中有详细的操作步骤,只要按照正确的方法操作就能够顺利完成,制作过程如图 3-54 所示。

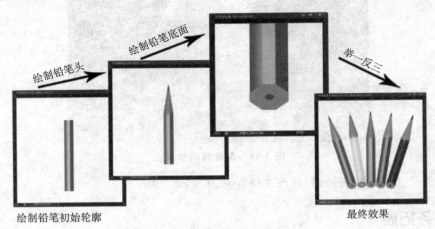

图 3-54　彩色铅笔图片的制作过程

　　(1) 新建文件。按下 Ctrl+N 快捷键,新建一个白色背景的文件,相关参数如图 3-55 所示。

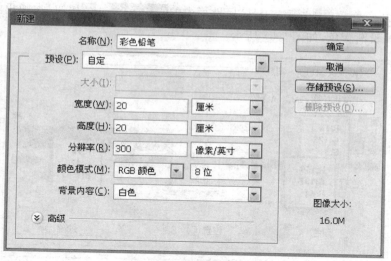

图 3-55 "新建"对话框

（2）创建铅笔轮廓。新建"图层 1"，使用"矩形选框工具"在图像中创建一个羽化值为 0 像素、宽度为 200 像素、高度为 1 600 像素的矩形选区，如图 3-56 所示。

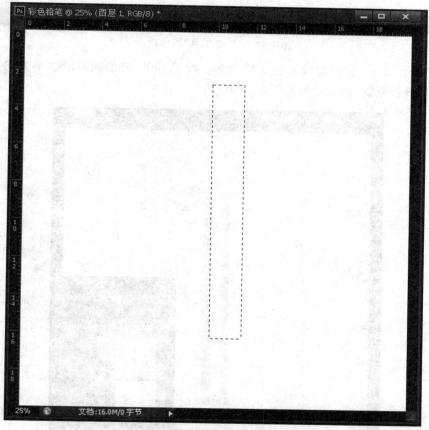

图 3-56 创建的矩形选区

（3）编辑渐变色。单击"渐变工具"属性栏中的 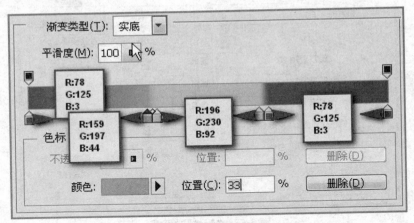 按钮，在弹出的"渐变编辑器"对话框中编辑渐变色，如图 3-57 所示。

图 3-57　渐变色的编辑

（4）设置工具属性。确定编辑的渐变色，然后设置"渐变工具"属性栏中的其他参数，如图 3-58 所示。

图 3-58　"渐变工具"属性栏

（5）填充渐变色。把鼠标放置在选区左侧。按下 Shift 键的同时沿水平方向拖拽鼠标至选区右侧，释放鼠标，填充效果如图 3-59 所示。

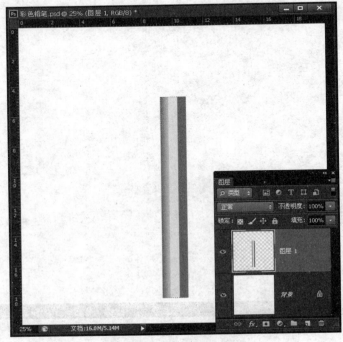

图 3-59　填充渐变色效果

（6）创建不规则选区。按下 Ctrl+D 快捷键，取消选区，选择"套索工具"在铅笔端处创建一个羽化值为 0 像素的不规则选区，如图 3-60 所示。

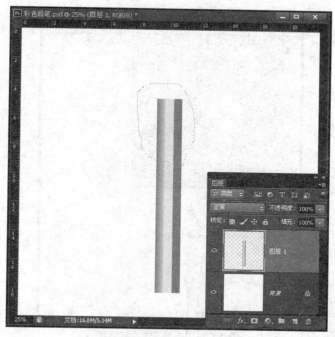

图 3-60 创建不规则选区

（7）锁定透明像素点。单击"图层"面板上方的 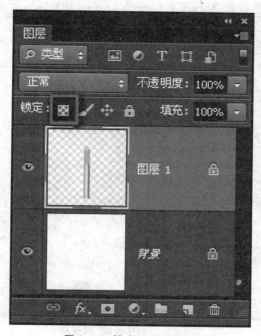 按钮，锁定该图层图像的透明像素点，如图 3-61 所示。

图 3-61 锁定透明像素点

（8）添加杂色。执行"滤镜"/"杂色"/"添加杂色"命令，为图像添加杂色。在"添加杂色"对话框中设置参数，如图 3-62 所示。

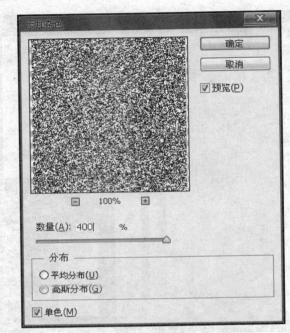

图 3-62 "添加杂色"对话框

（9）设置模糊参数。执行"滤镜"/"模糊"/"动感模糊"命令，在弹出的"动感模糊"对话框中设置各项参数，如图 3-63 所示。

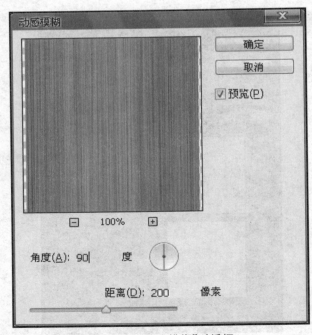

图 3-63 "动感模糊"对话框

（10）确认模糊操作。单击"确定"按钮，模糊后的图像出现木材的纹理，效果如图 3-64
所示。

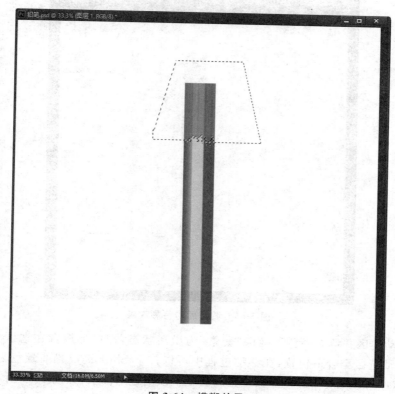

图 3-64　模糊效果

（11）设置和调整参数。按下 Ctrl＋U 快捷键，在弹出的"色相/饱和度"对话框中设置
各项参数，如图 3-65 所示。

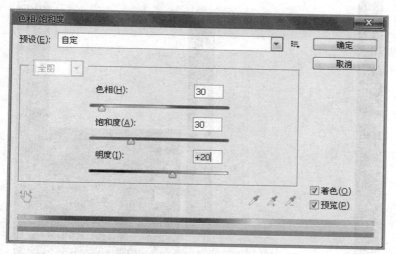

图 3-65　"色相/饱和度"对话框

（12）调整色彩。单击对话框中的"确定"按钮，调整后的色彩与真实铅笔削皮后的色彩

非常相近,更增加了铅笔的真实性,如图 3-66 所示。

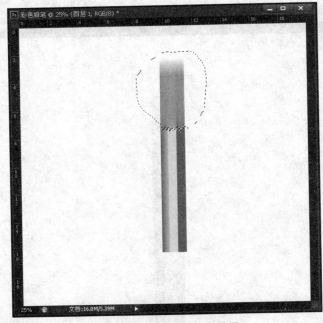

图 3-66　调整后的色彩效果

（13）移动选区并填充颜色。确保"套索"为激活状态,把鼠标放置在选区中,按向上方向键,向上移动选区至合适位置,在移动过程中可以按下 Shift 键设置前景色为铅笔外表颜色,即绿色(R:78,G:125,B:3),并且设置图层 1 中锁定透明像素,如图 3-61 所示。按下 Alt＋Delete 快捷键,将该颜色填充到选区中,效果如图 3-67 所示。

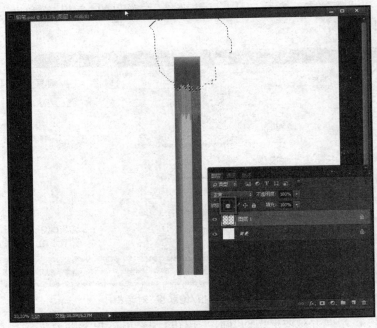

图 3-67　移动选区并填充颜色

（14）绘制矩形选区。在"矩形选框工具"属性栏中的"样式"选项中单击"正常"方式，其他选项设置不变。在图像上绘制一个矩形选区，绘制矩形时调出了参考线，为的是让矩形能够将笔头放置在中间位置，如图 3-68 所示。

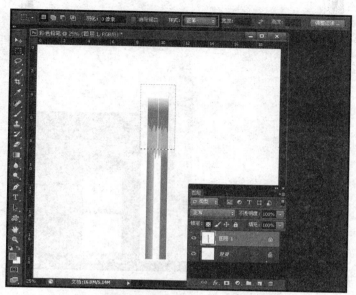

图 3-68　绘制矩形选区

（15）编辑透视效果。执行"编辑"/"变换"/"透视"命令，将鼠标放置在右上方的脚点处，按住鼠标左键沿水平方向向左拖拽，图像出现透视效果，如图 3-69 所示。

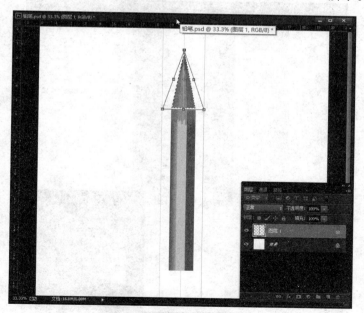

图 3-69　编辑透视效果

（16）完成铅笔头的绘制。按下 Enter 键，确认变形操作，按下 Ctrl＋D 快捷键取消选区，铅笔头制作完成，效果如图 3-70 所示。

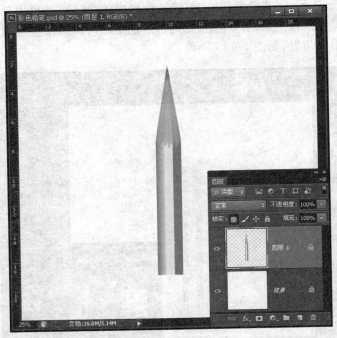

图 3-70　绘制铅笔头

（17）平移图像。双击工具箱中的缩放工具 🔍，以"100％"比例显示图像，并使用抓手
工具 🖐️，平移图像至如图 3-71 所示的效果。

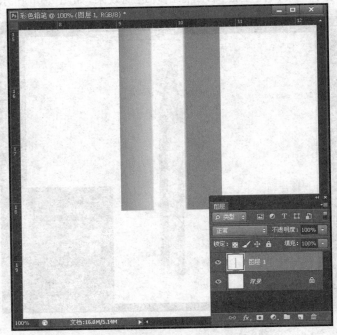

图 3-71　100％显示并平移图像

（18）绘制铅笔底面效果。新建"图层 2"，使用"多边形套索工具"在图像中绘制一个羽

化值为0像素的不规则选区，为铅笔底端透视面填充与铅笔头相类似的米黄色（R:186，G:157，B:128），效果如图3-72所示。

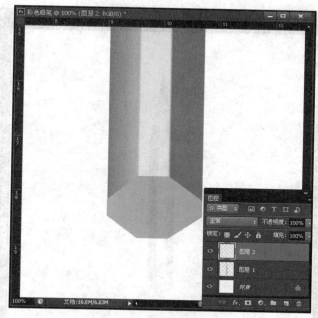

图 3-72 绘制铅笔底面

（19）制作笔芯外露效果。按下Ctrl＋D快捷键，取消选区，新建"图层3"，使用"椭圆选框工具"，绘制一个羽化值为0像素的椭圆选区。使用工具箱的油漆桶工具，向图像中填充与笔芯相同的绿色（R:78，G:125，B:3），制作笔芯外露效果，如图3-73所示。

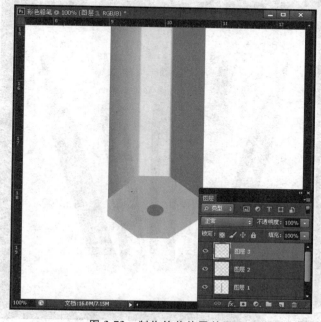

图 3-73 制作笔芯外露效果

（20）查看最终效果。取消选区，双击抓手工具，全屏显示图像，铅笔最终效果如图 3-74 所示。

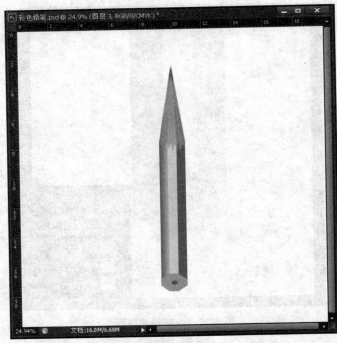

图 3-74　全屏显示效果

（21）依照上述方法可以绘制其他颜色的铅笔，效果如图 3-75 所示。

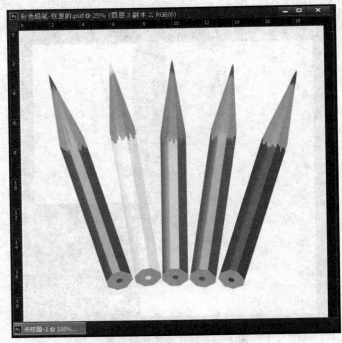

图 3-75　绘制其他颜色铅笔

（22）保存文件。按下 Ctrl＋S 快捷键，将绘制的铅笔图像保存为"彩色的铅笔.psd"，完成效果如图 3-76 所示。

图 3-76　彩色铅笔效果图

任务3　制作高楼大厦效果图

｜任务分析｜

本任务是使用画笔工具绘制高楼大厦效果图，如图 3-77 所示。通过效果图可以看到，该图像主要由不同的矩形和多边形组成，虽然形状单一，但是数量很多，大小不一。绘制该图像需要灵活使用画笔工具，读者不必具有任何美术功底，通过画笔的定义和笔尖的设置等操作就可以完成以上的工作。本任务的核心知识和技能就是画笔的设置和使用，主要包括使用画笔绘出高楼的外轮廓，建立选区，使用画笔填充及描边，从而实现预期图像效果。制作过程如图 3-78 所示。

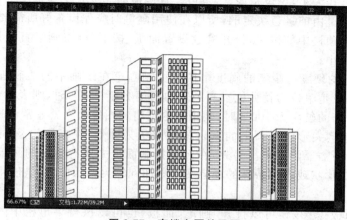

图 3-77　高楼大厦效果图

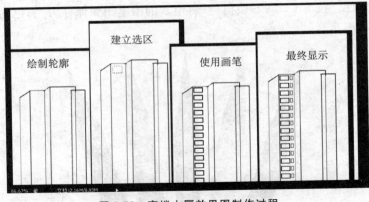

图 3-78　高楼大厦效果图制作过程

|任务知识|

1. 画笔工具

画笔工具与生活中经常使用的毛笔功能相似,其应用范围非常广泛,是学习其他图像绘制类工具的基础。在选项栏中可以设置画笔直径、画笔模式、画笔流量等参数,制作出各种尺寸和效果的画笔工具。单击工具箱中的"画笔工具",工具属性栏中的常用参数如图 3-79 所示。

图 3-79　"画笔工具"属性栏

1) 画笔预设

单击"画笔预设"按钮,在弹出的下拉菜单中可以对画笔的大小、硬度和样式等参数进行设置。画笔直径是对画笔大小的设置;画笔的硬度是用于控制画笔在绘画中的柔软程度,数值越大,画笔越清晰;画笔的样式是对画笔形状的设置。如图 3-80 所示。

(1) 设置画笔大小和颜色。要设置画笔的大小,可以在参数设置面板中的"大小"文本框中输入需要的直径大小,单位是像素,也可以直接拖动"大小"文本框下面的滑块设置画笔大小。画笔的颜色是由前景色决定的,所以在使用画笔时应先设置好所需要的前景色。

也可单击其选项栏中的按钮,打开参数设置面板,按下]键将画笔直径快速变大,按[键将画笔直径快速变小。

(2) 设置画笔的硬度。画笔的硬度是用于控制画笔在绘画中的柔软程度,其设置方法和画笔大小一样,只是单位为百分比。当画笔的硬度小于 100% 时,则表示画笔有不同程度的柔软效果;当画笔的硬度为 100% 时,则画笔绘制出的图像边缘就非常清晰。

(3) 设置画笔笔尖形状。画笔的默认笔尖形状为圆形,在参数设置面板最下面的"画笔"列表框中单击所需要的画笔。另外,在画笔控制面板中还有更多的画笔笔尖形状,还可以自定义画笔笔尖形状或者将特殊的画笔文件添加到笔尖形状中,以供使用。

2) 画笔面板

单击"画笔面板"按钮可以打开"画笔"面板(也可以执行菜单栏中的"窗口"/"画笔"命令,或者按 F5 键),可以通过"画笔"面板对画笔进行更丰富的设置,如图 3-81 所示。

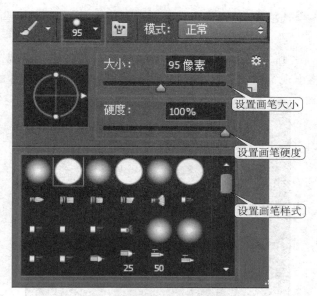

图 3-80　设置画笔大小、硬度和样式

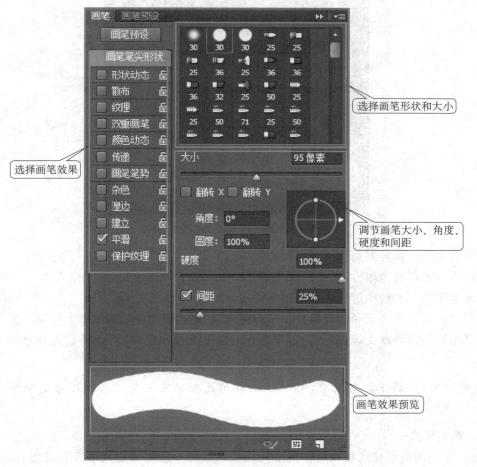

图 3-81　"画笔"面板

在画笔工具的各个选项中,包含许多功能各不相同的滑块,并且这些滑块中都有"控制"属性。

如图 3-82 所示,在"画笔"面板左侧选择"形状动态",在右侧会出现"控制"选项,单击其右侧的黑色小三角将出现不同的条目,通过这些条目可以得到很多特殊的画笔绘图效果。

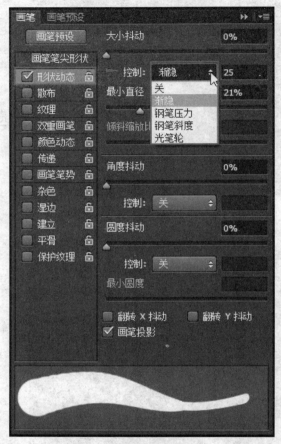

图 3-82 "控制"属性

"关":表示关掉控制属性。

"渐隐":渐隐的绘图方式。

"钢笔压力":在绘图过程中控制画笔的压力。

"钢笔斜度":使画笔和画布保持一定的夹角,如同在斜握画笔的状态下绘画。

"光笔轮":循环改变选项。例如,当选择了画笔大小功能时,可逐渐放大或缩小画笔的大小。

注意:"控制"的下拉列表中,"渐隐"之后的选项只有安装了感知压力的绘图板时才有效。

3) 画笔模式

选择不同的画笔模式可以创作出不同的绘画效果。画笔的模式需要先设置好,再进行绘画才会显示效果。

4）画笔不透明度

画笔工具的不透明度用于设置画笔工具在画面中绘制出透明的效果。

5）画笔流量

画笔工具的流量用于设置绘制图像颜料溢出的多少，设置的数值越大，绘制的图像效果越明显。

2. 画笔的使用

Photoshop 中可以对画笔线条形态进行设置，主要包括画笔面板中的各选项的设置与自定义画笔设置等。

1）画笔笔尖形状设置

该选项主要用于设置画笔的直径、形状、画笔边缘的虚实程度和画笔的间距等。下面通过实例演示如何进行画笔笔尖形状设置。

（1）打开"毛笔.jpg"图像作为素材背景，选择工具箱中的"画笔工具"。设置前景色为黑色。在已经打开的"画笔"面板中，单击"画笔笔尖形状"选项，将鼠标放在图像中，按下 Shift 键的同时拖拽鼠标，此时绘制的是一条直线，如图 3-83 所示。

图 3-83　绘制直线的效果

其中，各调整项含义如下。

大小：用来控制画笔大小，最大值为 2 500 像素。

翻转 X 和翻转 Y：勾选此复选框可以更改所选画笔的显示方向。

角度：用于控制画笔的角度，所设置的角度在"圆度"参数发生变化时有效。

圆度：用于控制画笔长短轴的比例，其取值范围为 0～100。

硬度：用于控制画笔边缘的虚实。

间距：用于控制画笔笔触之间的间距，取值范围为 0～1 000。数值越大，笔触之间的距离就越大。

（2）按下 Ctrl＋Z 快捷键，撤销上一步绘制直线操作，重新设置"画笔笔尖形状"选项中的参数,将"角度"设置为 60°,"间距"设置为 150%。依照上述方法绘制,效果如图 3-84 所示。

图 3-84 "画笔笔尖形状"选项重新设置后的效果

2)画笔形状动态设置

通过画笔形状动态设置,用户可以在已经指定画笔大小等参数的状态下,通过改变画笔大小、角度及扭曲画笔等各种方式得到动态画笔效果。

按下 Ctrl＋Z 快捷键把图像还原至初始状态。单击"画笔"面板中的"形状动态",在其中设置各种选项,将鼠标放置在图像中,按下 Shift 键的同时拖拽鼠标,绘制效果如图 3-85 所示。

图 3-85 "形状动态"选项设置与绘制效果

其中各项含义如下。

大小抖动:指定画笔在绘制线条的过程中标记点大小的动态变化状况,在其右侧的文本框中可以设置变化的百分比。

最小直径:用于控制画笔标记点可以缩小的最小尺寸,它是以画笔直径的百分比为基础的,其取值范围为 1%~100%。

倾斜缩放比例:当"控制"选项为"钢笔斜度"时,用于定义画笔倾斜的比例。此选项只有使用压力敏感的数字画板时才有效,其数字大小也是以画笔直径的百分比为基础。

角度抖动:用于控制画笔在绘制线条的过程中标记点角度的动态变化情况。

圆度抖动:用于控制画笔在绘制线条的过程中标记点圆度的动态变化效果。

最小圆度:用于控制画笔标记点的最小圆度,它的百分比是以画笔短轴和长轴的比例为基础的。

3)画笔散布设置

忽略所设置的画笔间距,使画笔图像在一定范围内自由散布,因为散布效果是随机的,所以得到的效果通常比较自然。

把图像还原到初始状态,单击"画笔"面板中的"散布"选项,在其中设置各项参数,把鼠标放置在图像中,按住鼠标拖转,绘制效果如图 3-86 所示。

图 3-86 "散布"选项设置与绘制效果

其中各项含义如下。

散布:用来控制散布的程度,数值越高,散布的位置和范围就越随机。当勾选"两轴"时,画笔标记点呈放射状分布;若不勾选,画笔标记点的分布和画笔绘制的线条方向垂直。

数量:用来指定每个空间间隔中画笔标记点的数量,例如设置为 5,就可以得到 5 个画笔图像。

数量抖动:用来定义每个空间间隔中画笔标记点的数量变化。

4)画笔纹理设置

画笔纹理设置选项可以用系统自带的纹理填充画笔图像区域,但是这种填充效果只有在画笔的不透明度不为 100% 时才有效。

还原图像到初始状态,单击"画笔"面板中的"纹理"选项,将鼠标放置在图像中,当前笔触会运用选择的图案填充,效果如图 3-87 所示。

各选项含义如下。

缩放:用来控制图案的缩放比例。

为每个笔尖设置纹理:勾选该项时,"最小深度"和"深度抖动"等参数将被激活。

模式:用来设置画笔和图案之间的混合模式。

图 3-87   "纹理"选项设置与绘制效果

深度:用来控制画笔渗透到图案的深度,取值范围为 0~100%。当该项数值为 0 时,只有画笔的颜色,图案不显示;当该项数值为 100%时,只显示图案。

最小深度:用于控制画笔渗透图案的最小深度。

深度抖动:用于控制画笔渗透图案的深度变化。

5) 双重画笔设置

该选项是使用两种笔尖效果创建画笔,其使用方法为:首先在"画笔笔尖形状"中选择一种原始画笔,再在"双重画笔"中的画笔选择框中选择一种笔尖作为第二个画笔,并将这两个画笔合二为一。将图像还原到初始状态,将鼠标放置在图像中,按住鼠标拖拽,绘制效果如图 3-88 所示。

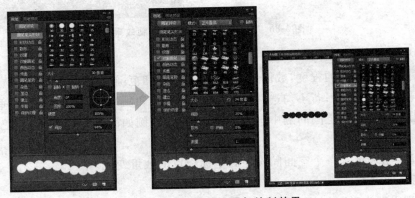

图 3-88   双重画笔设置与绘制效果

"双重画笔"中的各个选项设置都是针对第二个画笔的,这些选项的意义和作用前面已经讲过。

6) 画笔颜色动态设置

勾选画笔颜色动态设置选项,在绘画过程中,将出现前景色和背景色相互混合的绘制效果。

设置背景色为红色(R:255,G:0,B:0),单击"画笔"面板中的"颜色动态"选项。在其中设置各项参数,按下 Ctrl+Z 快捷键,把当前图像还原到初始状态。将鼠标放置在图像中进行绘制,可以得到前景色到背景色过渡的效果,如图 3-89 所示。

图 3-89 "颜色动态"选项及绘制效果

注意:前景色到背景色过渡效果的出现主要由"控制"中的"渐隐"来控制,其数值越大,前景色到背景色的过渡越缓和;数值越小,前景色到背景色的过渡越急促。

面板中各选项功能如下。

前景/背景抖动:用于控制前景色和背景色的混合程度,其数值越大,得到的变化就越多。

色相抖动:用于控制绘制线条的色相的动态变化范围。

饱和度抖动:用于控制饱和度的混合程度。

亮度抖动:用于控制亮度的混合程度。

纯度:用于控制混合后的整体颜色,其数值越小,混合后的颜色就越接近于无色;数值越大,混合后的颜色就越纯。

对以上选项进行相应的设置,并设置"控制"为"关",如图 3-90 所示。

图 3-90 设置"控制"为"关"

7)其他选项设置

在"画笔"面板中,还有一些其他选项,这些选项作用如下。

杂色:勾选此项,可以增加画笔自由随机效果,对于虚化边的画笔效果较为明显。

湿边:勾选此项,画笔便具有水彩画笔的效果。

喷枪:勾选此项,可以使画笔模式具有传统的喷枪效果和渐变色调的效果。

平滑:勾选此选项,可以使绘制的线条产生流畅的曲线。

保护纹理:勾选此选项,可以对所有画笔执行相同的纹理图像和缩放。

在"颜色动态"设置的基础上,勾选"杂色""湿边""喷枪""平滑""保护纹理"选项,绘制效果如图 3-91 所示。

图 3-91 其他选项设置及绘制效果

3. 定义画笔

在 Photoshop 中,除了可以使用该软件预先设置的画笔之外,还可以自定义画笔或者载入现有的其他画笔文件。

1)自定义画笔

执行自定义画笔功能,首先要有要定义为画笔的图案,读者可以自己绘制,也可以使用已有的图像素材。例如,打开一张已有的背景透明图像"大雁.png",选中要定义为画笔的对象——大雁,如图 3-92 所示。之后,执行"编辑"/"定义画笔预设(B)"命令,弹出"画笔名称"对话框,如图 3-93 所示。

图 3-92 选中画笔的对象

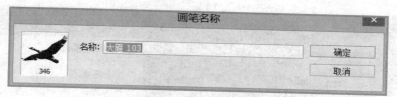

图 3-93　定义画笔名称

之后,则可以在文件中使用该画笔绘制大雁图像,如图 3-94 所示。

图 3-94　使用定义画笔

此时可以看到,定义的画笔使用前景色和背景色绘画。丢失了大雁图片素材的颜色色相信息,但是保留了颜色的明亮信息。

2) 载入现有画笔文件

载入画笔文件的前提是已有了某种类型的画笔文件,在画笔文件夹中包含了两种已有的画笔文件"Bird. abr"和"hill. abr",如图 3-95 所示。

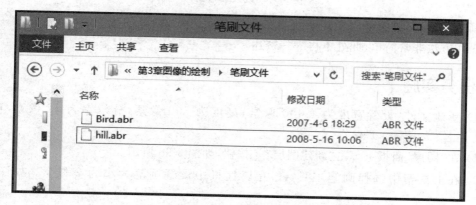

图 3-95　画笔文件

接下来,选中画笔工具,单击属性栏中的"打开画笔预设选择器"上的小箭头,在下拉菜单的右上角点击设置按钮,在其下拉菜单中选择"载入画笔",如图 3-96 所示。

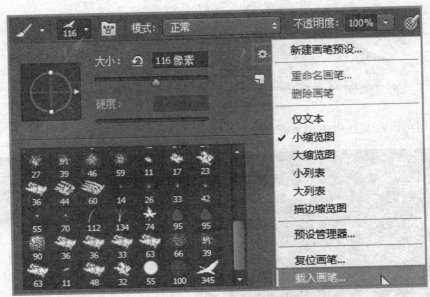

图 3-96　选择"载入画笔"命令

之后,在打开的"载入"对话框中,选择要载入画笔文件的路径,如图 3-97 所示,单击"载入"按钮,新载入的画笔就可以使用了。

图 3-97　载入画笔文件

"画笔"面板菜单中可以实现系统自带画笔显示方式、画笔的载入、新画笔的保存等操作,其操作方法非常简单,此处不再一一赘述。

｜任务实施｜

(1) 新建文件,设置宽度为 1 000 像素,高度为 600 像素,分辨率为 72 像素/英寸,并以文件名"高楼 . psd"保存。

(2) 在"图层"面板下单击"新建图层"按钮,如图 3-98 所示。

(3) 在工具箱中选择画笔工具,在属性栏中设置画笔大小为 2 像素。如图 3-99 所示。

(4) 拖动鼠标绘制高楼的轮廓,如图 3-100 所示。

(5) 再新建一个图层,使用矩形选框工具创建一个小的方形选区,如图 3-101 所示。

图 3-98 新建图层

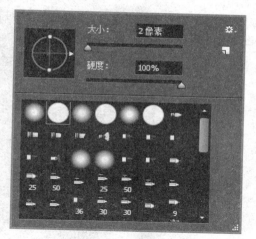

图 3-99 设置画笔大小

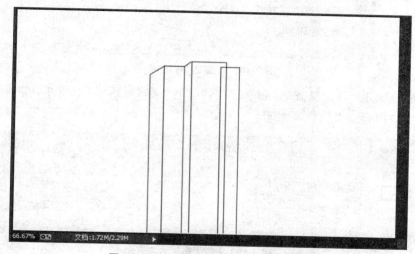

图 3-100 使用画笔绘制高楼的外轮廓

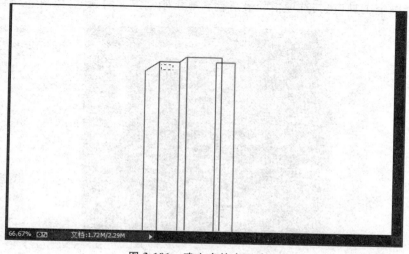

图 3-101 建立小的方形选区

（6）执行"编辑"/"描边"命令，弹出"描边"对话框，设置描边的宽度为 2 像素，位置为内部，如图 3-102 所示。

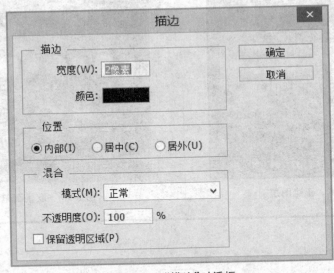

图 3-102 "描边"对话框

（7）执行"编辑"/"自定义画笔"命令，弹出"画笔名称"对话框，如图 3-103 所示，将当前选中的矩形区域内容定义为样本画笔。

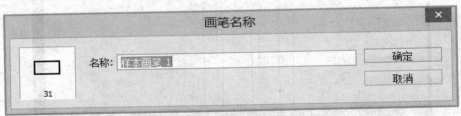

图 3-103 定义画笔名称

（8）选择画笔工具，在其选项中的最后就会显示刚刚定义的画笔，如图 3-104 所示。

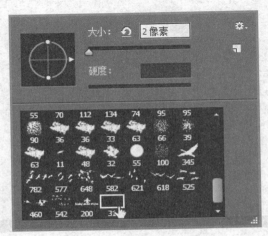

图 3-104 选择画笔形状

(9)在画笔工具的属性栏中单击██按钮,设置画笔的属性,选择"画笔笔尖形状"命令,设置间距为150%,如图3-105所示。

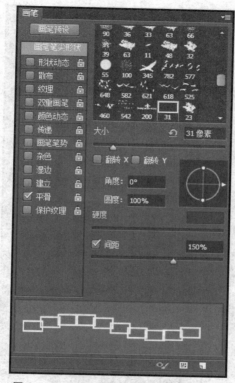

图3-105 设置画笔属性绘制第一种窗格

(10)按下Delete键,删除"图层2"选框中的内容,按下Ctrl+D快捷键,取消选区。

(11)按下Shift键的同时,在合适的位置拖动鼠标,完成高楼内部窗格的制作,如图3-106所示。

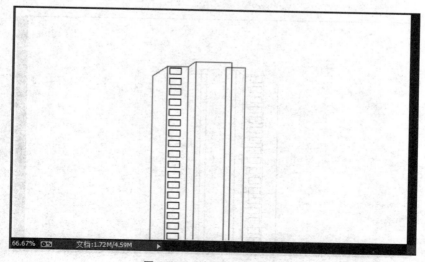

图3-106 绘制第一种窗格

（12）再单击 ≣ 按钮，在画笔选项中，设置大小为 15 像素，角度为 90°，间距为 300%，如图 3-107 所示。

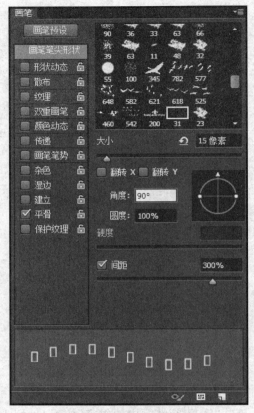

图 3-107　设置画笔属性绘制第二种窗格

（13）按下 Shift 键的同时，在合适的位置拖动鼠标，补充高楼内部窗格，如图 3-108 所示。

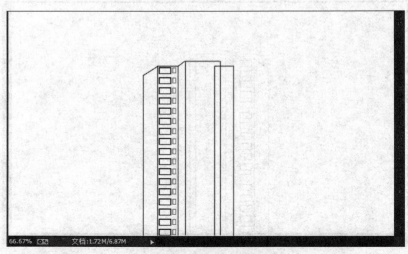

图 3-108　绘制第二种窗格

（14）采用同样的方法制作高楼的其他部分,最终效果如图 3-109 所示。

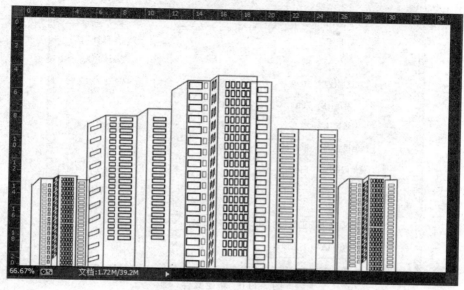

图 3-109　高楼大厦最终效果

| 任务拓展 |

制作秋日风景图

本任务是利用画笔工具等绘制秋日风景图,效果如图 3-110 所示。

图 3-110　秋日风景图

（1）新建文件"秋日风景图",宽度和高度分别为 1 000 像素和 700 像素,分辨率为 72 像素/英寸,如图 3-111 所示。

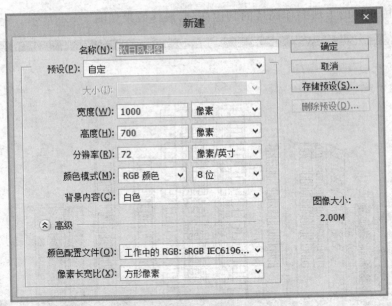

图 3-111　新建文件

（2）新建"图层 1"，绘制渐变背景色。选择"渐变工具"，打开"渐变编辑器"进行设置，如图 3-112 所示。

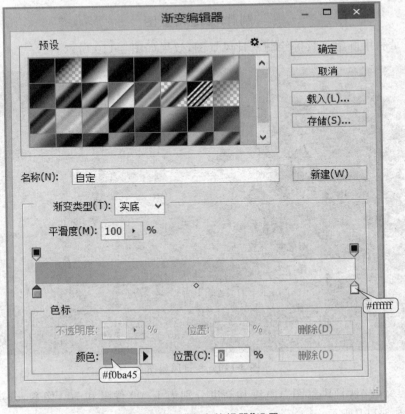

图 3-112　"渐变编辑器"设置

斜向拉一条渐变作为天空背景,如图 3-113 所示。

图 3-113 绘制天空背景

(3) 新建"图层 2",绘制树干。选择画笔工具,调整至合适大小,如图 3-114 所示。设置前景色为棕色(#362809)画出树干的部分,如图 3-115 所示。

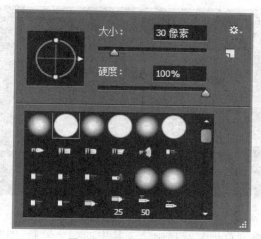

图 3-114 设置画笔工具

图 3-115 画出树干

（4）调整"形状动态""散布"的数值，分别如图 3-116、图 3-117 所示。

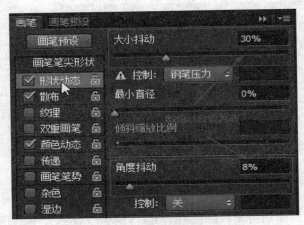

图 3-116　调整"形状动态"数值

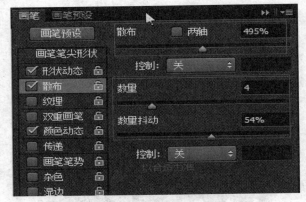

图 3-117　调整"散布"数值

（5）新建"图层 4"，绘制草地。选择画笔工具中的小草笔刷，如图 3-118 所示。

图 3-118　小草笔刷

调整"形状动态"和"散布"，设置前景色为绿色（＃656f04），如图 3-119 和图 3-120 所示。

最后在图层 4 中绘制草地，如图 3-121 所示。

（6）新建"图层 5"，绘制太阳。选择椭圆选区工具，设置羽化值，画一个椭圆，填充红色，作为太阳，如图 3-122 所示。

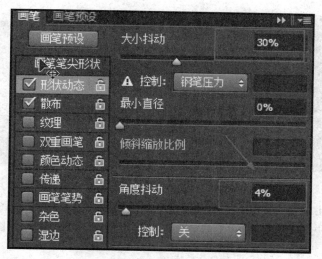

图 3-119　调整"形状动态"参数

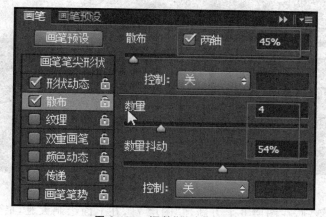

图 3-120　调整"散布"参数

图 3-121　绘制草地

图 3-122　绘制太阳

（7）下载一个山脉画笔"hill. abr"文件,并将该文件载入。在背景图层上方新建"图层6",调整前景色为灰色,选择画笔工具,找到之前下载的山脉画笔,如图 3-123 所示,画出山脉。

图 3-123　绘制山脉

（8）安装大雁笔刷,在图层 6 上方新建"图层 7",在上面绘制大雁,最后添加文字,"秋日风景图"完成,如图 3-124 所示。

图 3-124　最终效果

小　结

　　本项目主要讲述图像编辑操作,这些操作在图像处理过程中经常用到,希望读者多加实践,熟练掌握这部分内容,为后续项目的学习打下坚实的基础。

习　题

一、选择题

1. 在 Photoshop 中,如果想绘制直线的画笔效果,应该按下(　　)键。

A. Ctrl　　　　　　B. Shift　　　　　　C. Alt　　　　　　D. Alt＋Shift

2. 画笔工具栏参数设置选项中包括(　　)。

A. 颜色　　　　　　B. 模式　　　　　　C. 图案　　　　　　D. 消除图案

3. 下列渐变工具中,(　　)工具是从起点两侧进行对称性的颜色渐变。

A. 线性渐变　　　　B. 对称渐变　　　　C. 菱形渐变　　　　D. 角度渐变

4. 在画笔对话框中不可以设定画笔的(　　)。

A. 直径　　　　　　B. 硬度　　　　　　C. 颜色　　　　　　D. 间距

5. 下面(　　)形成的选区可以被用来定义画笔的形状。

A. 矩形工具　　　　B. 椭圆工具　　　　C. 套索工具　　　　D. 魔棒工具

二、填空题

1. 使用画笔工具绘制的线条比较柔和,而使用铅笔工具绘制的线条_____。

2. 使用椭圆工具绘制正圆图形的方法是按下_____键。

3. 填充图像区域可以选择_____菜单命令实现,描边图像区域的边缘选择_____菜单命令实现。

4. 羽化选择命令的快捷键是_____。

5. 快速弹出画笔预设面板的快捷键是_____。

三、判断题

1. 在渐变色编辑器中,勾选反向复选框,可以使当前显示的渐变色与设置的渐变色方向相反。(　　)

2. Photoshop 中所有层都可改变不透明度。(　　)

3. 当选择了画笔大小功能时,可逐渐放大或缩小画笔的大小。(　　)

4. 在渐变编辑器中,单击渐变色设置按钮,在弹出的渐变编辑器对话框中只可以设置渐变色。(　　)

5. 如果在不创建选区的情况下填充渐变色,渐变工具将作用于整个图像。(　　)

四、简答题

1. 简述画笔工具的功能。

2. 举出至少三种图像填充方法。

3. 渐变工具包括哪五种渐变类型?

4. 画笔笔尖形状选项中,大小的作用是什么?

5. 在设置纹理的过程中,其中的缩放选项有什么作用?

五、上机练习

完成一幅网页作品,如图 3-125 所示。

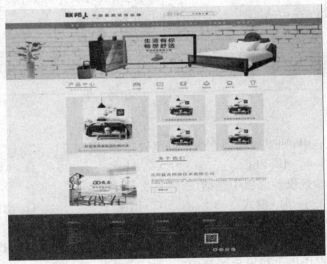

图 3-125　图像效果图

制作提示:本练习的核心知识和技能是图像编辑,包括颜色的填充、渐变色的使用、图案的定义及画笔的使用等。

参考步骤:

1) 制作网页中的 logo

如效果图 3-125 所示,在"联邦家居网页"效果图的左上角的位置有该网站的 logo,它一般是图形,代表网站的形象。

(1) 建立一个 800×600 的文件,新建"图层 1",使用"矩形选框工具"建立一个合适大小的正方形选区,并填充其为红色。如图 3-126 所示。

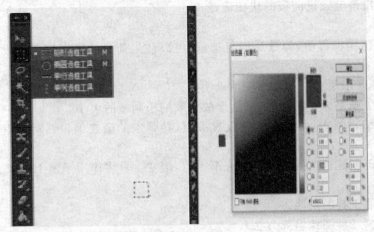

图 3-126　填充矩形选框

（2）选用"文字工具"在矩形的右上角输入"L"，设置文字格式，如图 3-127 所示。在图中输入"联邦"字样，设置文字格式，放置在图形左边。如图 3-128 所示。

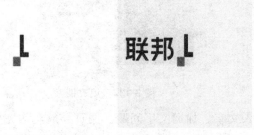

图 3-127 输入"L"　　　　图 3-128 输入"联邦"

（3）将"背景"层隐藏，选择"文件"中的"储存为"，在弹出的窗口中选择"GIF"格式，单击"存储"按钮，保存名称为"logo.gif"。

2）网站导航制作

（1）建立一个 1 900×2 100 像素的文件，插入素材"logo.gif"，在 logo 后输入文字"中国家具领导品牌"，并插入导航条素材。网页头部制作完成。如图 3-129、图 3-130 所示。

图 3-129 输入文字

图 3-130 插入导航条素材

（2）需要制作网页导航。选择"矩形选框工具"命令，在图片中框选出矩形图案，并填充绿色，如图 3-131 所示。在矩形图案上再框选小的矩形，并为其填充颜色更深的绿色，如图 3-132 所示。

图 3-131 填充绿色图案

图 3-132　填充图案

（3）在图案上输入文字。加宽文字间距。网页导航制作完成。如图 3-133 所示。

图 3-133　输入文字

3）Banner 图制作

（1）打开背景素材，在图片中央位置选用工具栏中的"矩形工具"制作一个无填充色，描边宽度为 14 的矩形图案，并从中间分隔开分别填充黄色和黑色。如图 3-134 所示。

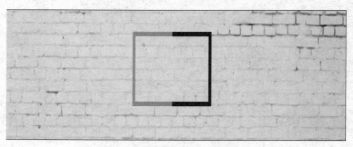

图 3-134　制作矩形图案

（2）在矩形内输入文字，并设置文字大小和文字间距。选用工具栏中的"直线工具"分隔开文字。如图 3-135 所示。

图 3-135

（3）插入素材 2-1、素材 2-2、素材 2-3、素材 2-4，放置在图片合适的地方。如图 3-136 所示。Banner 图制作完成。将 Banner 图放置在网页导航正下方。

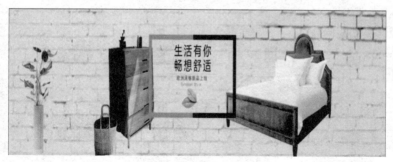

图 3-136 Banner 图

4）网页内容制作

（1）制作分界线。用工具栏中的"直线工具"绘制绿色直线图案和灰色直线图案，如图 3-137 所示。

（2）在直线上下分别输入文字，并且插入家具素材。如图 3-138 所示。

图 3-137 绘制直线　　　　　　　　　图 3-138 添加文字和素材

（3）在新图层中利用"矩形选框工具"绘制一个正方形，并为其填充灰色。如图 3-139 所示。在灰色矩形中插入家具素材，并在素材下输入文字，设置文字样式和文字大小，如图 3-140 所示。

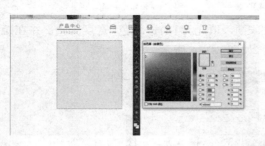 

图 3-139 绘制图形　　　　　　　　　图 3-140 添加素材和文字

（4）与（3）一样，制作一个新的小的灰色背景图案。分别做四个放置大图右边。如图 3-141 所示。

（5）与（1）一样，同理制作一个绿色和灰色相连的分界线。在分界线上下分别插入文字，设置文字样式和文字大小。如图 3-142 所示。

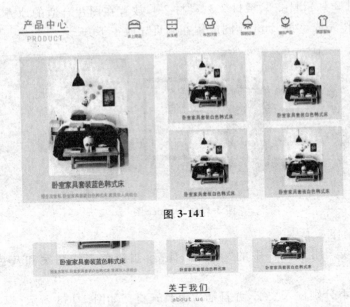

图 3-141

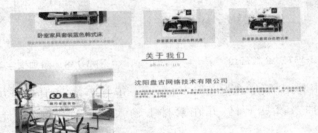

图 3-142　插入分界线

（6）添加描述。插入家具素材放置在左边,右边输入文字,设置文字样式和文字大小。如图 3-143 所示。

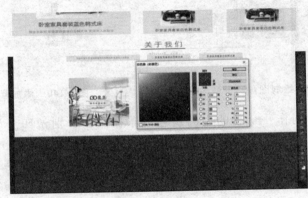

图 3-143

（7）用工具栏中的"矩形工具"绘制一个小的矩形,填充无,描边绿色,宽度为 2。并在矩形中输入文字"查看全部"。网页内容制作完成。如图 3-144 所示。

图 3-144

5) 网页底部制作

（1）利用"矩形选框工具"选中图片底部，填充深灰色。如图 3-145 所示。在灰色背景上添加二维码及图标素材，输入文字，设置文字大小和文字样式。如图 3-146 所示。

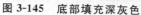

图 3-145　底部填充深灰色

图 3-146　插入素材和文字

（2）用工具栏中的"直线工具"在文字间绘制浅灰色分界线。如图 3-147 所示。网页制作完成。

图 3-147

项目4
Chapter 4
图像修饰与编辑

>>> | **学习目标**

1. 学会污点修复画笔工具的使用。
2. 学会修复画笔工具的使用。
3. 学会红眼工具的使用。
4. 学会使用修补工具。
5. 学会仿制图章工具与图案图章的灵活应用。
6. 学会图像的复制与粘贴操作。
7. 学会图像的裁切与大小设置。

图像的修饰和编辑主要包括图片去杂、人物美肤、图像的复制与变换，以及图像裁切和大小设置等，这些都是 Photoshop CC 中常用的图片处理操作。本项目将主要介绍修饰工具组中典型工具的使用和图像编辑命令的使用等。

任务 1 去除照片污点

| 任务分析 |

本任务是对照片进行清洁修饰。从图 4-1 可以看到，图像中有两个明显的污点，可以使用图像修复工具完成照片的去污。本任务的核心知识和技能就是要掌握各种图像修复工具的特点和使用技巧，从而实现预期图像效果。

| 任务知识 |

在 Photoshop CC 中，图像修饰工具主要包括修复工具组和图章工具组。修复工具组中包含 5 种修图工具，如图 4-2 所示。下面主要对污点修复画笔工具和修复画笔工具进行介绍。

图 4-1　污点修复前后对比图

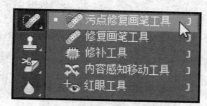

图 4-2　修复工具组

1. 污点修复画笔工具

"污点修复画笔工具"主要用来修复图像中的污点,使用该工具修复污点的主要特点就是简单快捷。通过设置该工具的属性,可以进一步完成污点的修复。

单击工具箱中的"污点修复画笔工具"按钮 ,设置各项参数值,如图 4-3 所示。

图 4-3　"污点修复画笔工具"属性栏

画笔:用来设置画笔的笔头大小及边缘虚实程度。

模式:用来设置画笔修复时的合成模式。

类型:其中包含 3 个单选选项。最常用的为"内容识别",可以自动识别污点和污点周围像素的颜色信息,进行污点修复。当选择"近似匹配"时,可以使用污点周围的颜色像素来修复图像;当选择"创建纹理"时,在修复的同时还添加一定的纹理效果。

取样(对所有图层取样):图像修复操作中对所有可见图层都起作用。

2. 修复画笔工具

单击工具箱中的"修复画笔工具",其属性栏中各项参数与污点修复画笔工具的属性有所不同,主要有"源""对齐""切换到仿制源面板"等,如图 4-4 所示,因此该工具与污点修复画笔工具的用法也有所不同。但是,同样可以进行图像修复。

图 4-4　"修复画笔工具"属性栏

切换到仿制源面板:可以打开"仿制源"面板,对仿制源进行设置,如设置大小、位置、不透明度等,如图 4-5 所示。

图 4-5 "仿制源"面板

源:当选择"取样"时,可以用单击的源点来修复图像;当选择图案选项时,则使用系统自带或自定义的图案来修复图像。

对齐:勾选此复选框时,被修复的部位按顺序整齐排列。

任务实施

完成任务 1 中的清除照片污点工作可以通过两种方法实现。

1. 使用"污点修复画笔工具"修复照片中的污点

(1) 在 Photoshop 软件中打开文件"污点素材.jpg",如图 4-6 所示。

图 4-6 污点素材图片

（2）单击工具箱中的"污点修复画笔工具"按钮，设置各项参数值，把鼠标放置在需要修复的位置处单击，单击后即可修掉照片中的污点，如图4-7所示。

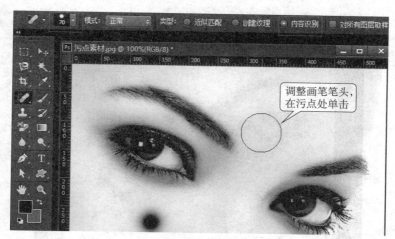

图4-7 单击位置

依照上述方法，可以修掉照片中的其他污点，这里不再赘述。

2. 使用"修复画笔工具"修复照片中的污点

（1）依旧使用"污点修复.jpg"照片作为演示文件。首先把"污点素材.jpg"还原到初始状态。执行菜单栏中的"窗口"/"历史记录"命令，在弹出的"历史记录"面板中单击最上端的选项，即可将图像还原为初始状态，如图4-8所示。

图4-8 还原图像

（2）单击工具箱中的"修复画笔工具"，设置"源"为"取样"，如图4-9所示。

图4-9 "修复画笔工具"属性栏

接下来,把鼠标放置在图像中,与要修复区域接近的区域(皮肤较好的位置),按下 Alt 键的同时并单击,确定修复的源点,如图 4-10 所示。

图 4-10　定义修复的源点

(3) 完成了修复源点的定义,把鼠标放置在要修复的污点处单击即可消除照片中的污点,如图 4-11 所示。依照前面讲述的方法,把照片中的其他污点消除。

图 4-11　修复后的效果图

任务2　去除照片红眼

｜任务分析｜

本任务是去除照片中由于闪光灯等原因造成的模特眼睛红眼或者由于反光造成的眼睛曝光过度等。图 4-12 中,人物的眼睛由于拍摄原因出现了"红眼"效果,可以使用"红眼工具" 迅速修复图像。

图 4-12　红眼修复对比图

| 任务知识 |

　　红眼工具可以快速消除照片中的红眼效果。选择"红眼工具",其对应的属性栏如图 4-13
所示。

图 4-13　"红眼工具"属性设置

瞳孔大小:用于设置红眼工具的作用范围,数值越大,作用范围就越大。
变暗量:用于设置瞳孔的明暗度数值越大,瞳孔变暗的效果会越明显。

| 任务实施 |

　　(1) 在 Photoshop 软件中打开素材文件"红眼 .jpg",如图 4-14 所示。

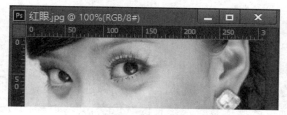

图 4-14　红眼素材图片

　　(2) 选择"红眼工具" ,根据图像中红眼区域的大小,设置瞳孔大小和变暗量的值。
在图像的瞳孔处按住鼠标左键拖动,使拖出的矩形区域包含红眼部分,如图 4-15 所示。释
放鼠标左键,即可完成红眼的消除和修正。

图 4-15　框选红眼部分

任务 3　照片美肤

任务分析

　　本任务的核心知识和技能就是修补工具的使用。利用修补工具将照片中人物脸上的雀斑去除,使得皮肤光滑、自然,达到美肤效果,如图 4-16 所示。

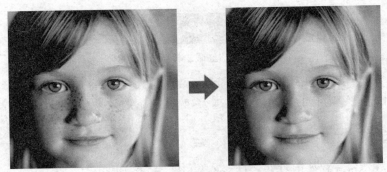

图 4-16　照片美肤前后效果对比图

任务知识

　　"修补工具"属性栏如图 4-17 所示。"修补工具"以选区的形式选择取样图形,或者使用图案填充来修补图像。可以用它来选取大片的图像进行修复。与"图章工具"的不同之处在于"修补工具"使用选定区域像素替换修补区域像素,会将取样的纹理、光照和阴影与源点区域进行匹配,使替换区域与背景自然融合,而不是简单的"复制"操作。

图 4-17　"修补工具"属性栏

　　当选择"源"选项时,首先在图像中按住鼠标左键拖动,选择打算修复的图像部位,然后把鼠标放到选区内部,将其拖拽到用来修补该选区的图像位置,松开鼠标左键,即可实现用鼠标抬起处图案来修补选区内图案的效果。

　　当选择"目标"选项时,首先在图像中选择与待修复的图像相似的部分,然后将其拖拽至待修复的图像处进行修复。当勾选"透明"复选框时,可以自动匹配所修复图像的透明度。当选择"使用图案"时,可以应用图案对所选择的区域进行修复。

任务实施

　　虽然修补工具操作简单,但是使用时一定要做到耐心和细心,在修复斑点的过程中,尽量在斑点附近取样,并且要及时调整图像大小保证所取样的质量,这样才能使得所修饰的图像自然、细腻。具体操作步骤如下。

（1）在 Photoshop 软件中打开素材文件"小女孩.jpg"，复制背景图层并新建"背景拷贝"图层，接下来在"背景拷贝"图层中进行修图操作。

（2）选择"修补工具" ，按下 Ctrl＋"＋"快捷键将图像放大，以便修饰细节内容，放大的倍数可以根据修补范围大小变换，如图 4-18 所示。

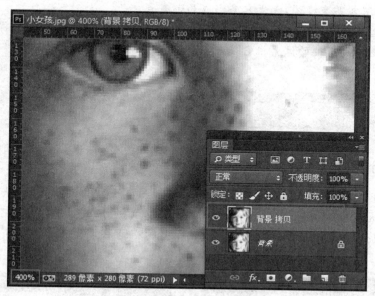

图 4-18　放大图像进行操作

（3）将需要修补的位置划出一个选区，然后拖拽到可以遮盖它的位置，如图 4-19 所示。Photoshop 会把两种像素计算，给出一个合理的数值，以达到修饰的目的。逐一修复图像中的雀斑部分，得到最终效果。

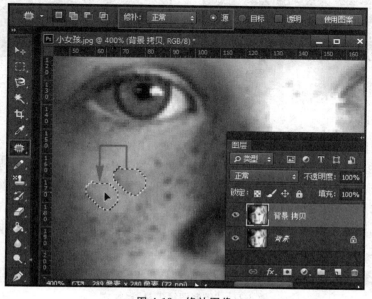

图 4-19　修补图像

注意:

(1) 在修补脏点的过程中,要尽量选择出和脏点差不多大小的范围,范围太大容易把细节修丢,太小又容易修得很花。

(2) 在选择覆盖所圈选脏点范围的像素时,选择附近区域。要选择和选区里颜色相近的像素,颜色太深容易有痕迹,太浅容易形成局部亮点。

(3) 划出选区时要尽量把亮度相近的区域作为一个选区,若遇到明暗交界线上的脏点,尽量寻找同处明暗交界处的像素把它覆盖,从而保留图像中光感区域。

任务 4　照片除杂

| 任务分析 |

本任务的核心知识和技能就是修补工具和仿制图章工具的灵活使用,从而实现将照片中干扰主题的元素去除,保证照片整洁、整体性好、重点突出。这里要将图中 5 处位置的干扰杂物去除,包括路上的井盖、杂质、电线、草坪上的空地和墙壁上的多余内容,如图 4-20所示。

图 4-20　照片除杂前后对比图

| 任务知识 |

使用"仿制图章工具"首先需要定义取样点,即将图像中的某个对象定义为取样点,然后像盖图章一样将取样点区域的图像像素复制到另一位置上。"仿制图章工具"多用于修复、掩盖图像中呈现点状分布的瑕疵区域。与"修补工具"不同,取样点的图像像素不会与目标区域像素进行计算和融合,仅仅是"复制"的操作。

选取"仿制图章工具",即可显示出相关的属性,如图 4-21 所示。"仿制图章工具"属性栏与"画笔工具"属性栏大体相同,只是增加了"对齐"和"样本"两个属性。

图 4-21　"仿制图章工具"属性栏

（1）单击"仿制图章工具" ，可以在弹出的"画笔"面板中修改画笔笔尖。

（2）点击"画笔" 时，可以打开"画笔预设"选取器，设置仿制图章画笔"主直径"的大小和硬度。

（3）在"模式"列表框中可以设置复制图像与原图像的混合模式。

（4）通过修改"不透明度"的值，可以设置复制图像的不透明度。

（5）"流量"的值用来设置颜色随工具移动应用的速度。也就是说，设置所绘制线条颜色的流畅程度，它也可以产生一定的透明效果。

"仿制图章工具"的操作方法为：首先，按住 Alt 键不放，在图像中单击要复制的部分，即可将这部分作为样本；其次，在目标位置处单击或拖拽鼠标，即可将取得的样本复制到目标位置。

（6）勾选"对齐"选项，进行规则复制，即选择要定义的图像后，拖拽鼠标几次，得到的是一个完整的原图图像。不勾选"对齐"选项，则进行不规则复制，即多次拖拽鼠标，每次从鼠标落点处开始复制定义的图像，拖拽鼠标复制与之相对应位置的图像，最后得到的是多个原图图像。

（7）通过设置"样本"选项，可以指定复制操作起作用的图层。在"样本"下拉列表中可以选择取样的目标范围，分别基于"当前图层""当前和下方图层"和"所有图层"进行取样。当设置为"所有图层"时，复制操作将对图像的所有图层都起作用；当设置为"当前图层"时，复制操作只对图像的当前图层起作用。

任务实施

完成本任务中的照片除杂操作，可以通过使用"修补工具"和"仿制图章工具"进行，下面介绍使用"仿制图章工具"进行照片除杂的具体步骤。

（1）在 Photoshop 软件中打开素材文件"照片除杂.jpg"，选择"仿制图章工具"，设置合适的笔尖大小（59 像素）和硬度（0%），如图 4-22 所示。

图 4-22　设置笔尖大小

（2）首先修饰图 4-20 中路上的井盖。按下 Alt 键在井盖附近位置单击鼠标取样，如图 4-23 所示。

图 4-23　在井盖附近取样

接下来，放大图像为 200%，并使用"抓手工具" 按下空格键，单击并拖拽鼠标调整图像显示位置，并设置"仿制图章工具"属性栏中"对齐"为选中状态，在井盖上依次单击完成取样处像素的复制，如图 4-24 所示，还原图像为 100% 显示查看。

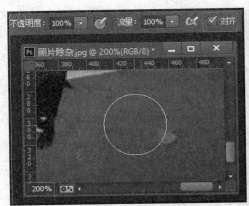 

图 4-24　清除井盖效果图

（3）修饰图 4-20 中路上的杂质。与（2）相似，仍然使用"仿制图章工具"，先按下 Alt 键在杂质附近位置单击鼠标取样，如图 4-25 所示。然后在杂质上单击鼠标，复制取样像素，得到效果如图 4-26 所示。

（4）修饰图 4-20 中草坪中的空地。与（2）相似，仍然使用"仿制图章工具"，先按下 Alt 键在空地附近位置单击鼠标取样，然后在空地上单击鼠标，复制取样像素，得到效果如图 4-27 所示。

（5）修饰图 4-20 中墙壁上多余内容。与（2）相似，仍然使用"仿制图章工具"，先按下 Alt 键在墙壁上多余内容附近位置单击鼠标取样。由于该位置在图像中较小，因此处理时要放大图像（按下 Ctrl+"+"快捷键），另外需要根据图像调整笔尖大小为 20 像素。在选区取样点时，要选取接缝位置，先清除门缝，如图 4-28 所示。

图 4-25　在杂质附近取样　　　　　　图 4-26　清除路面杂质效果图

图 4-27　清除草坪上的空地效果图

图 4-28　清除门缝

使用同样的方法,清除墙上的灯,如图 4-29 所示。

图 4-29　清除墙面

（6）修饰图 4-20 中路上的电线。与（2）相似,仍然使用"仿制图章工具",先按下 Alt 键在电线附近位置单击鼠标取样,然后在电线上单击鼠标,复制取样像素,得到效果如图 4-30 所示。

注意:这里需要放大图像并且缩小"仿制图章工具"的笔尖,多次按下 Alt 键单击,取电线附近路面（取样点①）、路边（取样点②）、草地（取样点③）、灌木（取样点④）、墙面（取样点⑤）等区域的颜色样值,分别覆盖对应的电线部分。

最后将电线修除,照片除杂任务完成,如图 4-31 所示。

图 4-30　多次取样修图

图 4-31　最终效果

任务 5　为图像添加背景

任务分析

本任务的核心知识和技能是图案图章工具的设置与使用,从而为图像添加一种图案作为背景,如下图4-32所示,可以使用系统自带图案,也可以使用自定义图案。

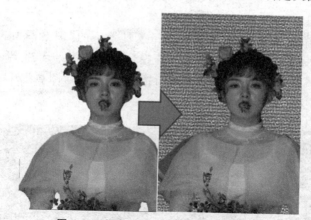

图4-32　添加背景图案前后效果对比图

｜任务知识｜

"图案图章工具"的作用是将系统自带或者自定义的图案进行复制并填充到图像区域中,即"图案图章工具"不是复制图像中的内容,而是复制已有的"图案"。

在工具箱中选择"图案图章工具"后,其属性栏如图4-33所示。

图4-33　"图章图案工具"属性栏

单击属性栏中的"图案"列表框(在"喷枪"的右侧),弹出"图案"面板如图4-34所示。单击"图案"面板右上角的按钮,可以利用下拉菜单中的命令设置"图案"面板。

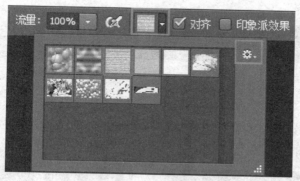

图4-34　"图案"面板

在属性栏中勾选"对齐"选项,在图像窗口中多次拖拽鼠标,复制的图案整齐排列。不勾选"对齐"选项,在图像窗口中多次拖拽鼠标,复制的图案将无序地散落在图像中。

勾选"印象派效果"选项,复制的图案将产生扭曲模糊的效果。

"图案图章工具"可以将选定的图案复制到一个或多个图像文件中,并且在复制的过程中可以随时在属性栏"图案"列表框中选择其他图案。

任务实施

打开素材文件"添加背景素材.psd",选择工具箱中的"图案图章工具",通过属性栏设置好画笔大小,选择混合模式为"正常",选择"扎染"图案,选择 PSD 图像中的"图层0",按住鼠标左键进行拖动,即可将选择的图案填充到背景图层"图层 0"中,如图 4-35 所示。

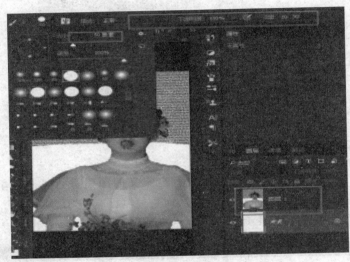

图 4-35　设置画笔

注意:使用"选择工具"选择图像中要填充图案的区域,然后进行填充,这样可以在图像中进行局部图案的填充。

任务6　为图像添加盘子

任务分析

本任务的核心知识和技能就是图像的复制与粘贴操作,从而实现在图像中添加盘子,如图 4-36 所示。预期图像效果。

图 4-36　添加盘子前后效果对比图

任务知识

1. 图像复制与粘贴

在图像处理中,图像复制与粘贴命令的操作步骤是:选择要复制的内容,执行复制、粘贴命令,最终得到选区内容的副本。图像一旦被复制或剪切,都会被放到系统自带的剪切板上。在不关闭计算机的条件下,可以将复制或剪切的内容粘贴多次,每一次粘贴都会生成一个新的图层。不但可以将复制或剪贴的内容粘贴到同一图像中,还可以将其粘贴到不同的图像中。

2. 图像变形

图像变形是在图形图像处理中常见的操作,这里通过以下案例介绍如何实现图像变形。

(1) 在 Photoshop 中打开"旗帜.jpg"素材。在图像中创建一个矩形选区,执行菜单栏中的"编辑"/"自由转换"命令或按 Ctrl+T 快捷键,选区周围出现变形框。

(2) 将鼠标放置在变形框一角的点上,单击鼠标左键向外拖拽可以放大图像,向内拖拽可以缩小图像,如图 4-37 所示。

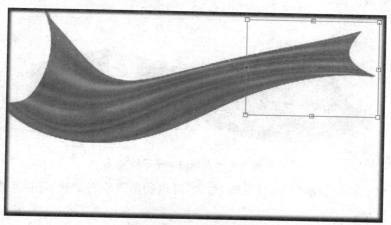

图 4-37　变形框

(3) 在工具属性栏中还可以输入具体的缩放比例、旋转角度、倾斜角度及变换中心点等,这与移动工具的变换功能完全相同,如图 4-38 所示。

图 4-38　自由变换属性设置

变换参考点:通过设置参考点设置变换角度的参照点。

变换的位置:包括图像与原位置相比较横坐标 X 偏移位置和纵坐标 Y 偏移位置。

宽度:可以在此设置图像宽度变换的值,可以是与原图大小的百分比或固定值。

高度:可以在此设置图像高度变换的值,可以是与原图大小的百分比或固定值。

变换的角度:设置图像变换以参考点为圆心变换的角度。

(4) 执行菜单栏中的"编辑"/"变换"命令,弹出子菜单栏,在子菜单栏可以实现某一项的变形操作。这里选择"透视"命令,则可以通过鼠标调整图像的透视效果,如图 4-39 所示。

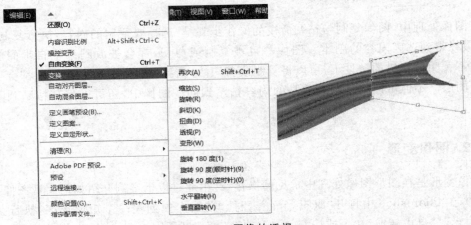

图 4-39　图像的透视

(5) 执行"编辑"/"变换"/"水平翻转"命令,可以使图像水平翻转,进而实现水平镜像效果,如图 4-40 所示。

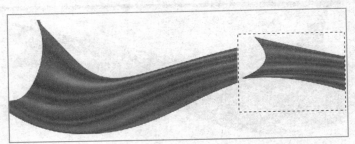

图 4-40　图像的水平翻转

(6) 执行"编辑"/"变换"/"垂直翻转"命令,可以使图像垂直翻转,进而实现垂直镜像效果,如图 4-41 所示。

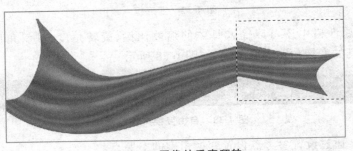

图 4-41　图像的垂直翻转

(7) 执行"编辑"/"变换"/"变形"命令,在选区周围将会出现变形框,如图 4-42 所示。

将鼠标放在变形框的网格上,按住鼠标拖拽,可以随意编辑图像扭曲效果,如图 4-43 所示。

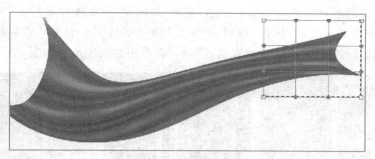

图 4-42　图像的变形

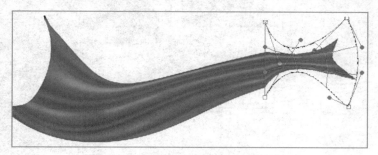

图 4-43　图像的扭曲效果

任务实施

本任务主要用到图像的复制粘贴以及图像的缩放和水平翻转操作,具体步骤如下。

(1) 在 Photoshop 软件中打开素材文件"餐具.jpg",使用"磁性套索工具",选中图中的一摞盘子,如图 4-44 所示。

图 4-44　选中盘子

（2）选择"移动工具"，单击菜单栏中的"编辑"/"拷贝"命令或按下 Ctrl＋C 快捷键，选区内的图像被复制下来。接着，执行"编辑"/"粘贴"命令或按下 Ctrl＋V 快捷键，复制的图像又被粘贴到原图像中，此时选区自动取消，"图层"面板中自动生成新图层，如图 4-45 所示。

图 4-45　复制选中对象到新图层

（3）使用"移动工具"将粘贴后的图像移动位置，使用"移动工具"的同时按下 Shift 键，可以沿水平方向向左移动，如图 4-46 所示。

图 4-46　移动图像

（4）执行菜单栏中的"编辑"/"自由变换"或按下 Ctrl＋T 快捷键。之后，将鼠标放到对角线编辑点，按下 Shift 键同时单击鼠标左键拖动，等比例缩放图像，按下 Enter 键确认变换，如图 4-47 所示。

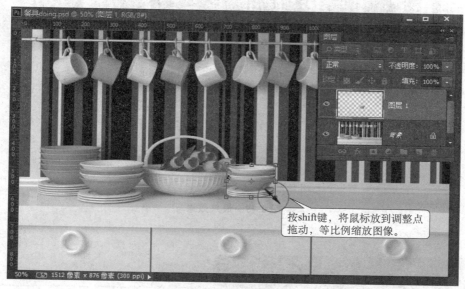

图 4-47　等比例缩放图像

（5）再次执行"编辑"/"粘贴"命令或按 Ctrl＋V 快捷键，复制的图像又被粘贴到新的图层 2 中。与（4）相同，调整图像的大小。另外，按 Ctrl＋T 快捷键自由变换图像后右击，在弹出的快捷菜单中选择"水平翻转"调整图像位置，如图 4-48 所示。

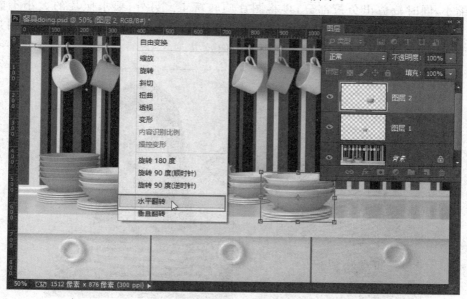

图 4-48　水平翻转图像

按下 Enter 键确认变换后，可以再次使用"移动工具"调整图层 2 中图像位置，得到最终效果，如图 4-49 所示。

图 4-49　最终效果

任务 7　制作一英寸免冠照片

| 任务分析 |

　　本任务是将一个普通照片制作成一英寸免冠照片。素材图片如图 4-50 所示,首先将图像尺寸缩小,同时裁剪出免冠部分,再将图片旋转矫正。另外,要求照片的大小不能超过50KB。本任务的核心知识和技能就是要学会设置图像尺寸、利用工具和命令调整图片大小及设置画布大小、图像大小等,从而实现预期图像效果。

图 4-50　原图效果与最终效果图

｜任务知识｜

1. 裁切工具

裁切工具可以快速对图片进行裁剪和旋转等矫正操作。例如，在 Photoshop 中打开图片"风景 .jpg"，如图 4-51 所示。

图 4-51　素材

（1）单击工具箱中的"裁切工具"按钮，在其属性栏中设置各个选项，如图 4-52 所示。

图 4-52　"裁切工具"属性栏

（2）将鼠标放在图像中，单击鼠标拖拽框选要保留的部分，如图 4-53 所示。

图 4-53　裁切选框

（3）按下 Enter 键，或将鼠标放置在裁切框中快速双击，可以确认裁切操作，裁切后的图像效果如图 4-54 所示。

图 4-54　确认裁切

2. 裁切命令

Photoshop 裁切命令与 Word 等 Windows 应用软件中的裁切命令很相似，使用"矩形选择工具" ，在图像中创建一个羽化值为 0 像素的矩形选框。执行"图像"/"裁切"命令，选区之外的区域将被裁切掉。

3. 更改画布大小

更改画布大小可以通过执行菜单栏中的"图像"/"画布大小"命令实现。在弹出的快捷菜单栏中选择"画布大小"选项，弹出当前图像画布尺寸，如图 4-55 所示。

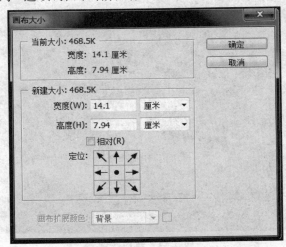

图 4-55　"画布大小"对话框

在"画布大小"对话框中,重新设置各项参数,如图4-56所示。

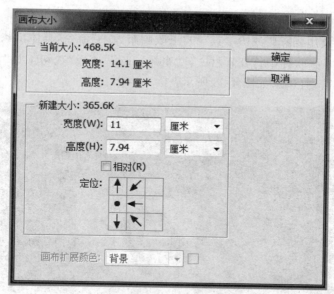

图4-56 "画布大小"参数

最后,单击"确定"按钮即可完成。

4. 修改图像大小

修改图像大小可以通过 Photoshop CC 中"图像"菜单下的"图像大小"命令进行设置。如图4-57所示,单击"图像大小"命令,弹出"图像大小"对话框,通过设置图像的"宽度"或"高度"调整图像的大小。

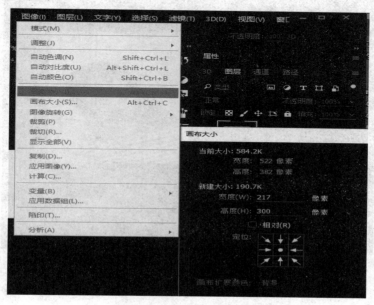

图4-57 图像大小对话框

任务实施

完成该任务主要用到 （此处为工具图标）"裁切工具"和"更改画布大小"命令，具体步骤如下。

（1）在 Photoshop 软件中打开素材文件"崔炜.jpg"，选择"裁切工具"，在图像中单击鼠标划出一个矩形的裁切区域，如图 4-58 所示。

图 4-58　设置裁切区域大小

（2）将鼠标指针放到裁切区域的四个角的位置可以旋转图像，如图 4-59 所示。

图 4-59　调整裁切角度

（3）将角度调整完毕后，再次将鼠标指针放置在图像上方，调整裁切图像内容，如图4-60所示。

图 4-60　调整裁切位置

（4）按下 Enter 键，或将鼠标指针放置在裁切框中快速双击，确认裁切操作，裁切后的图像效果如图 4-61 所示。

图 4-61　确认裁切后效果

（5）扩大画布，输入学生信息。单击菜单栏中的"图像"/"画布大小"命令实现，在下拉菜单栏中选择"画布大小"选项，弹出"画布大小"对话框，其中显示当前图像画布尺寸。如图 4-62所示。

（6）在"画布大小"对话框中，单击"定位"中的第一行第二个单元格，设置画布高度向下方延伸。同时，修改高度值为 325 像素。如图 4-63 所示。

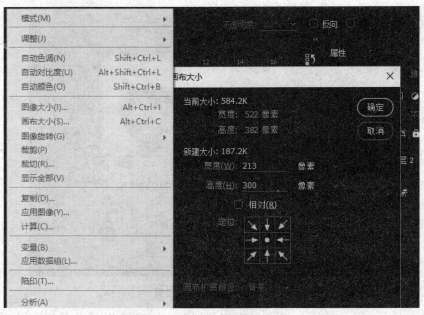

图 4-62　"画布大小"对话框

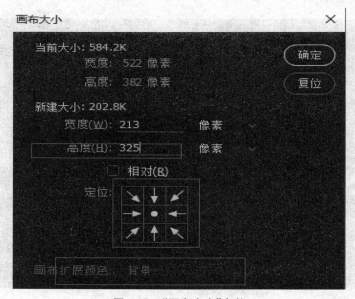

图 4-63　"画布大小"参数

（7）单击"确定"按钮，确认画笔变换。之后选择"文字工具"在底部输入学生信息，完成图像的修改和制作，如图 4-64 所示。

（8）有时候在网上填报个人信息，要求上传个人照片，并要求照片的大小不能超过某个值。这里要求将该图像文件的大小设置为 50k 以下。单击"图像大小"弹出对话框，输入"宽度"值为 100，此时图像大小变为 44.8k，已经符合要求，如图 4-65 所示。按下 Ctrl＋S 快捷键，保存图像即可。

图 4-64 输入文字

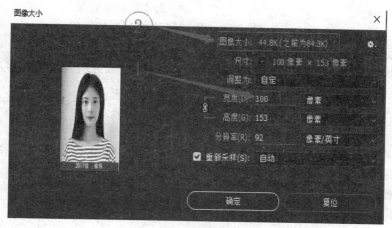

图 4-65 修改图像大小

小 结

本项目主要讲解对图像进行局部修饰时常用的工具,以及图像编辑工具。这些工具的使用方法虽然简单,但要想达到好的修饰效果,必须多加练习。

习 题

一、选择题

1. "修复画笔工具"中,按( )键定义修复图像的源点。

A. Shift B. Alt C. Ctrl

2. 执行"编辑"/"变换"/( )命令,可以编辑图像水平镜像效果。

A. 垂直镜像 B. 变形 C. 水平翻转

3. 在"裁切工具"中,按下( )键,可以确认裁切操作。

A. Enter   B. Alt   C. Shift

4.( )主要用来修复图像的污点。

A. 图像修补工具   B. 仿制图章工具   C. 橡皮工具

5. 下面( )选项可以将图案填充到选区。

A. 橡皮工具   B. 图章工具   C. 喷枪工具

二、填空题

1. 要增加新取样点,只需在画布上按下_____键的同时,按住_____键单击就可以除去取样点。

2. 图像修补工具主要包括四个工具:_____、_____、_____、_____。

3. 图章工具主要包括两个工具:_____、_____。

4. 执行_____/_____/_____命令,可以编辑透视效果。

5. 执行_____/_____命令,选区外的区域将被裁剪掉。

三、判断题

1. 执行菜单栏中的"编辑"/"剪切"命令,图像内的图像被剪切到系统自带的剪切板上,选区不会自动取消。( )

2. 执行"变换"/"变形"命令,在选区周围会出现变形框。( )

3. 修补工具可以从图像的其他区域或使用图案来修补当前选中的区域。( )

4. 在"污点修复画笔工具"中,必须多次单击才可修掉照片中的污点。( )

5. 仿制图章工具只可根据一个图像复制。( )

四、简答题

1. 图章工具的作用是什么?

2. 橡皮擦工具的作用是什么?

3. 修补工具与修补画笔工具有什么相同点?

4. 橡皮擦工具组主要包括哪三个工具?

5. 怎样将选区中的图像进行水平翻转?

五、上机练习

将男孩头部的头带图案复制到女孩头上,如图 4-66 所示。

图 4-66　原图与最终效果图

制作提示：本练习的核心知识和技能是"仿制图章工具"与"图案图章工具"的灵活使用，从而实现预期图像效果。

参考步骤：

（1）在 Photoshop 中打开"跆拳道 .jpg"图片素材。选择"仿制图章工具" ，设置合适的笔尖大小（43 像素）和硬度（0％），按下 Alt 键单击鼠标取样，如图 4-67 所示。

图 4-67　图像取样

（2）单击"图层"面板下方的"创建新图层"按钮 ，新建"图层 1"。在女孩头部选择合适位置，单击鼠标复制取样点图像到图层 1 中，如图 4-68 所示。

图 4-68　复制图像

5

Chapter 5

项目5

路径与文字

>>> **学习目标**

1. 学会绘制路径区域。
2. 学会编辑路径。
3. 学会使用路径的描边。
4. 学会使用路径区域的填充。
5. 学会路径与选区的转换并能够灵活应用。
6. 学会文字的使用。

在 Photoshop CC 中,路径是指由钢笔工具和几何形状工具所创建的线条或图形。这些线条或图形是矢量性的,不论如何缩放,都不会影响它的分辨率和平滑度。使用路径绘制线条和图形精确度高,还可以灵活方便地进行修改、移动和复制。另外,路径可以描边和填充,还可以与选区相互转换,从而快捷自如地实现图像的预期效果。因此,路径是 Photoshop 中的重要工具之一。同时,使用好路径也成为合格设计师的必要条件之一。本项目将分别介绍路径的属性、使用方式、描边、填充与选区的转换等。

文字在平面图像设计中经常起着画龙点睛的作用,常见的广告、招贴等平面作品中,都离不开文字的使用,本项目除了介绍路径的相关操作之外,还将介绍文字的设置和编辑。

任务 1 绘制书签

任务分析

本任务通过路径绘制一个"苹果"和"苹果叶子"的形状区域,并为对应的路径区域填充相应的颜色,最后得到一个苹果书签,效果如图 5-1 所示。通过效果图可以看到,要绘制的区域均为闭合的区域,同时路径区域的边缘均为曲线条。本任务的核心知识和技能就是要学会使用路径绘制对应的直线条或曲线条的形状区域,从而实现预期图像效果。

|任务知识|

1. 什么是路径

图5-1　苹果书签效果图

在 Photoshop CC 中,路径是由路径线段、路径节点及节点上的方向线和方向点组成的开放或封闭的直线段或者曲线构成,图 5-2 所示是一段开放的路径。其中,A、B、C 点是该路径的节点,A 点到 B 点及 B 点到 C 点是构成该路径的两条路径线段。在 B 节点处还可以看到决定该点处路径曲度的方向点 a 点和 b 点,以及方向线 a 点到 b 点。这里的方向线 a 点到 b 点,可以以 B 点(路径节点 B)为分割点,分为两部分,分别控制上下两部分的路径线段的曲率,如图 5-3 所示。

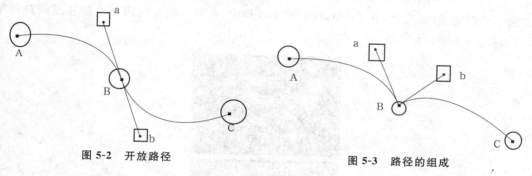

图5-2　开放路径　　　　　　　　　　　　　　　图5-3　路径的组成

由此可见,路径是由路径节点、路径线段及路径节点上的方向点和方向线构成。路径线段是构成路径形状的轮廓线条,它由路径节点连接而成。方向线是路径节点延伸出来的两条线段,用来控制路径线段的走向。方向点位于方向线的两端,与方向线一起控制路径线段的弯曲程度。

2. 路径相关工具

在通常情况下,路径主要由"钢笔工具" ![钢笔] 绘制,"钢笔工具"的使用方法与本书前面介绍的"多边形套索工具"有些相似,每一次单击鼠标时都会出现一个连接该点与上一次单击点的路径线段,当结束的路径节点与起始路径节点重合时,"钢笔工具"右下角出现一个句号,表示路径绘制结束,单击后获取一个闭合的路径,如图 5-4 所示。

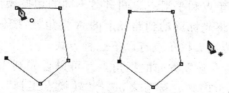

图5-4　绘制闭合路径

绘制开放的路径时,在完成了最后一个路径节点后,按住 Ctrl 键在画布上单击,即可完成开放路径的绘制,如图 5-5 所示。

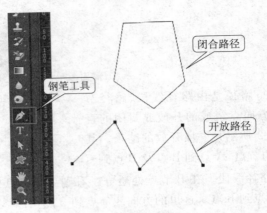

图 5-5　绘制开放路径

除了"钢笔工具"之外,在 Photoshop 的工具箱中,还有一组专门用于绘制和编辑路径形态的工具组,如图 5-6 所示。

图 5-6　路径工具组

钢笔工具:最常用的路径绘制工具。

自由钢笔工具:用于绘制随意路径或沿图像轮廓创建路径,其使用方法与前面讲解的套索工具及磁性套索工具相类似。

添加描点工具:用于添加路径节点。

删除描点工具:用于删除路径节点。

转换点工具:用于调节路径的平滑角和转角形态。

路径选择工具:用于选取整个路径。

直接选择工具:用于点选或框选路径节点。

在路径中,还可以对拐角点和平滑点之间进行不同的切换操作,如图 5-7 所示。

选择"转换点工具"后,将光标移动到路径上的 A 拐角处,按住鼠标左键拖动即可将点转换为平滑点。若将平滑点转换为拐角点有以下三种方式。

(1) 将平滑点转换为具有独立方向的拐角点。可以首先利用"直接选择工具"选择某个平滑点,单击使其方向线显示出来。接下来,选择"转换点工具",将光标移动到平滑点一侧的方向点上,按住鼠标拖动该方向点,将方向线段分为两个独立的方向线,这样就可以将方

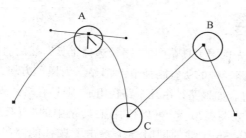

图 5-7 拐角点与平滑点转换

向线连接的平滑点转换为具有独立方向的角点,如图 5-8 所示。

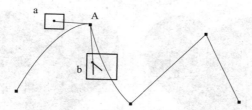

图 5-8 将平滑点转换为具有独立方向的角点

(2)将平滑点转换为没有方向线的角点。选择"转换点工具",将光标移动到路径上的平滑点处,单击鼠标即可将平滑点转换成没有方向线的角点,如图 5-9 所示。

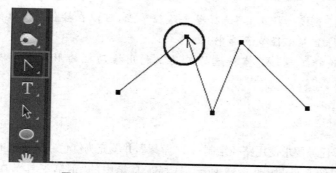

图 5-9 将平滑点转换为没有方向线的拐角点

(3)将没有方向线角点转换为有方向线角点。选择"转换点工具",将光标移动到路径上的角点处,按下鼠标左键拖动,可以拖出一条带两个方向点的方向线(将拐角点设置为平滑点)。若按 Alt 键的同时按下鼠标左键拖动,可以从该角点一侧拉出一条方向线,通过该方向线可以修改路径的形状,并将该点转换为有方向线的角点,如图 5-10 所示。

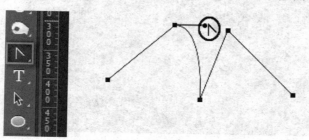

图 5-10 将没有方向线角点转换为有方向线角点

3. 选择、移动路径

如果要选择整个路径,先选中工具箱中的"路径选择工具",然后直接单击需要选择的路径即可。当整个路径选中时,该路径中的所有路径节点都显示为黑色方块。选择路径后,按住鼠标左键拖动即可移动路径的位置。如果路径由几个路径组成,则只有指针所指的路径组件被选中。

如果要选择路径线段或路径节点,可以使用工具箱中的"直接选择工具"单击所需要选择的路径节点,可以在按住 Shift 键的同时逐个单击要选择的路径节点。选择路径节点后,按住鼠标移动,即可移动路径节点的位置,如图 5-11 所示。

图 5-11　选择路径节点并移动

注意:

(1) 如果要使用"直接选择工具"选择整个路径节点,可以在按住 Alt 键的同时在路径中单击,即可将全部路径节点选中。

(2) 使用"路径选择工具"或"直接选择工具",利用拖动框的形式也可以选择多个路径或路径节点。

|任务实施|

如图 5-1 所示,本任务要求使用路径绘制一个"苹果",并填充为红色。其详细的制作步骤如下:

(1) 新建一个图像文件,如图 5-12 所示,选择工具箱中的"钢笔工具",在对应的属性栏

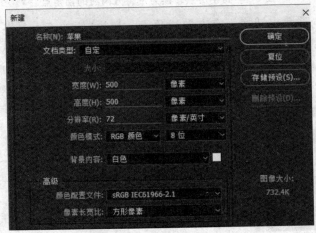

图 5-12　新建"苹果"文件

中选择"路径"模式,在图像中依次单击,绘制各个路径节点,最后鼠标回到起始点,这时鼠标的右下方会出现一个"。",表示终点已经成功连接到起始点,按下鼠标左键,这样就完成了一条闭合折线路径的制作,如图 5-13 所示。

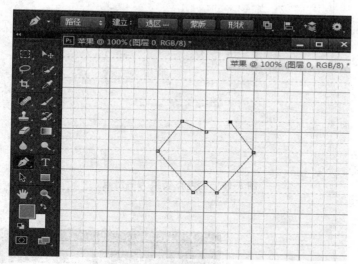

图 5-13　绘制闭合苹果形状

（2）将路径上尖角点转化为平滑点。首先选择"转换点工具",依次将其放在尖角点上,按鼠标左键拖动出方向线,这样原来的尖角点就会随着鼠标的移动变为一条自然弯曲的弧线了,如图 5-14 所示。用同样的方法将另外几个路径尖角点也改为平滑点,这时,我们得到如图 5-15 所示的曲线路径效果。

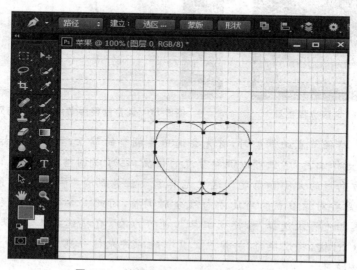

图 5-14　编辑尖角拐角点为圆滑曲线点

现在的"苹果"形状就像个土豆,要通过调节节点的位置和形状来改变路径的形状,此时需要使用"直接选择工具",如图 5-16 所示,选中某一个节点分别进行位置的调整,即在选中的某个路径节点上拖动鼠标。同时,"直接选择工具"还可以拖拽路径线段,调整路径的外观,还可以通过拖拽方向线上的方向点调整平滑节点处路径的曲率,从而调整路径的形状,

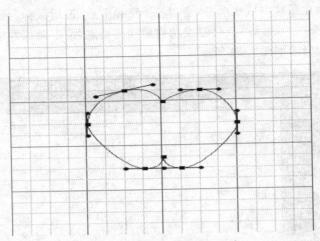

图 5-15　尖角点转换为平滑点

如图 5-17 所示。

图 5-16　选择"直接选择工具"

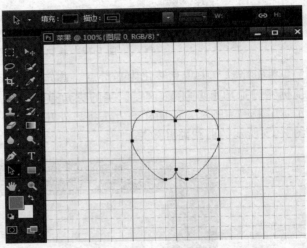

图 5-17　调整路径中节点的位置与路径曲率

注意:对单个路径节点的调整时,首先要选中要调整的节点,再单击鼠标左键进行拖动。"直接选择工具"不仅可以调整节点的位置,还可以调整路径线段的位置及路径节点的方向线的大小和角度。这里尤其需要注意的是"苹果"底部的路径节点为拐角点,需要对该节点的两段方向线分别调整,因此需要使用"转换点工具"。可以在工具栏中再次选择"转换点工具",也可以在"直接选择工具"状态下,同时按下Alt+Ctrl键,将切换为"转换点工具",此时将光标分别放在两个方向点上进行单独调整即可。

(3)将路径转换为选区并在对应的图层上填充颜色。可以在菜单栏中选择"窗口"/"路径",打开"路径"面板。一般情况下,"路径"面板与"图层"面板并列显示在面板区域中,直接点击"路径"选项卡也可打开"路径面板"。在"路径"面板里我们会看到刚刚新建的路径,单击"将路径载入选区"按钮,如图 5-18 所示,可以把路径转换成选区。

图 5-18　将路径转换为选区

新建图层"苹果"，使用油漆桶或渐变工具等为选区填充颜色即可，如图 5-19 所示。

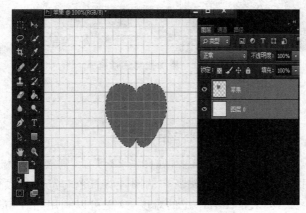

图 5-19　为选区填充颜色

（4）绘制叶子路径区域并填充颜色。叶子的制作方式与苹果的制作方式基本相同，叶子的路径区域由两个路径节点则可以组成，注意在使用钢笔工具绘制节点时，按下鼠标左键点击同时拖拽，可以直接获取平滑的路径线段（曲线路径），如图 5-20 所示。

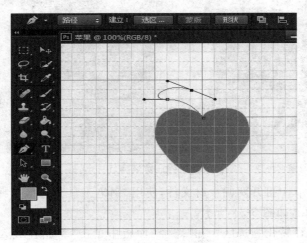

图 5-20　绘制叶子

分别为苹果和叶子对应图层添加投影样式 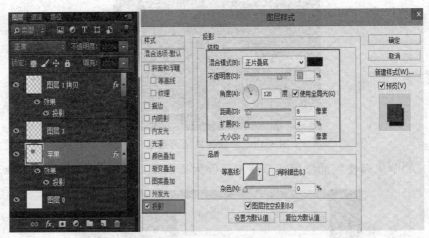 ,设置苹果与叶子的立体效果。如图5-21所示,实现最终效果。

图 5-21　添加投影图层样式

任务拓展

制作相机广告

本任务是通过两幅素材图片合成而来,如图 5-22 所示,需要将相机镜头从素材图片中抠出,放入相机 2 图片中。可以看到镜头所在的图片背景色与镜头的颜色很接近(颜色差异较小),因此使用"选择工具"来抠图有一定的难度,这里可以利用路径与选区转换的功能,使用路径来抠取镜头。完成后的相机广告效果如图 5-23 所示。

图 5-22　素材图片

(1) 在 Photoshop 中打开两幅素材文件,使用"钢笔工具""直接选择工具"和"转换点工具"围绕镜头绘制路径,如图 5-24 所示。

(2) 将选中的路径转化为选区。在"路径"面板中单击"将路径载入选区"按钮,将路径转化为选区,如图 5-25 所示。

图 5-23　图像效果图

图 5-24　使用路径选中镜头区域　　　图 5-25　调整比例后的镜头选区

（3）将镜头拖动到相机图片中，修改该图层的名称为"相机"，并点击图层下方的图层样式按钮，如图 5-26 所示，弹出"图层样式"对话框，设置"外发光"图层样式，如图 5-27 所示，最终效果如图 5-28 所示。

图 5-26　为图层添加图层样式

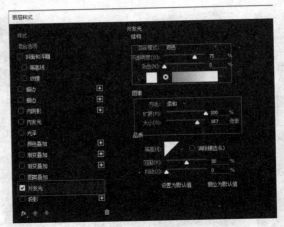

图 5-27 为图层设置外发光图层样式

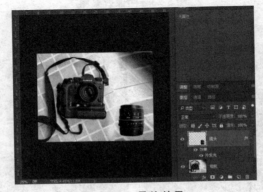

图 5-28 最终效果

任务 2 制作太极标志

任务分析

本任务是通过所使用工具栏中的形状工具及路径的运算制作太极标志。完成本任务用到的核心知识和技能为形状工具的使用及路径的计算、复制、路径操作等,最终效果如图 5-29所示。

图 5-29 太极标志最终效果

|任务知识|

1. 形状工具

在 Photoshop CC 中,有很多常用的路径形状已经被定义好,用户利用现有的形状工具就可完成预期的路径形状,而不用自己重新使用钢笔工具等绘制。形状工具组位于工具栏中的路径工作组中,如图 5-30 所示,其中有"矩形工具""圆角矩形工具""椭圆工具""多边形工具""直线工具""自定形状工具"6 种形状工具。

当选择某一种形状工具后在对应的属性栏中设置该工具对应的属性。注意,这里一定要选择"路径"模式,绘制出来的形状才是纯粹的路径形式,如图 5-31 所示。

图 5-30　形状工具组

图 5-31　选择路径模式

其中,"形状"是系统默认模式。可以在"图层"和"路径"面板中同时进行操作,即得到的形状不但在"图层"面板中新建了对应的图层,而且在"路径"面板中还保留对应路径。此时,既可以像普通图层编辑图层中的内容,也可以对路径进行编辑。"像素"模式只能在"图层"面板中进行操作,不会保留路径,在"路径"面板上没有路径显示。

2. 路径的计算

本任务主要用到的有关路径的新知识为"路径的计算",路径的计算与选区的计算很相似,如图 5-32 所示。可以单击"路径操作"按钮,下拉菜单中可以选择的路径的组合方式主要有"合并形状""减去顶层形状""与形状区域相交""排除重叠形状"等,这里选择"排除重叠形状"。之后单击"路径"面板中的"填充路径"按钮,如图 5-33 所示,重叠区域没有被填充颜

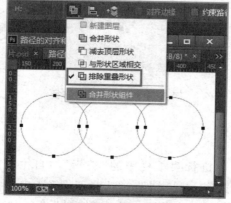

图 5-32　路径的计算

色,它们已经被排除在路径区域之外。

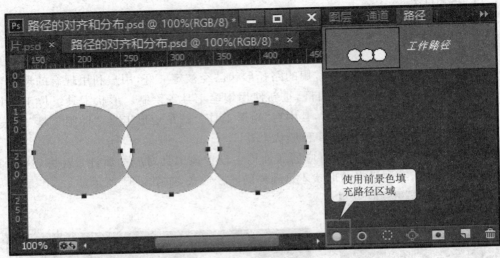

图5-33 排除重叠形状

从图5-33中可以看到,选择了"排除重叠形状"功能后填充路径,重叠区域没有填充,说明重叠区域已经排除在路径区域之外了。

3. 复制路径

选择路径后就可以进行复制路径操作,复制路径有多种操作方法:一种是使用辅助键来拖动复制;另一种是使用"路径"面板的相关命令来复制。

在工具箱中选择"路径选择工具",然后在文档中单击选择要复制的路径,按下 Alt 键,此时可以看到在光标右下角出现一个加号标志▲₊,单击鼠标左键拖动该路径,即可将其复制出一个副本,如图5-34所示。

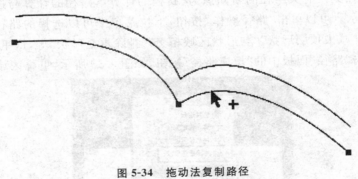

图5-34 拖动法复制路径

4. 变换路径

路径的编辑还可以通过执行菜单栏中的"编辑"/"自由变换路径"命令对路径进行旋转、缩放、倾斜、扭曲等操作。利用"路径选择工具"选中路径后,菜单中"编辑"/"自由变换路径"和"变换路径"命令被激活。选择"编辑"/"自由变换路径"命令后,所选路径的周围将显示路径变换框。也可以在"路径选择工具"属性栏中选中"显示定界框"复选框,对路径进行变换操作。操作方法与前面讲过的变换方法相同,如图 5-35 所示,这里不再赘述。

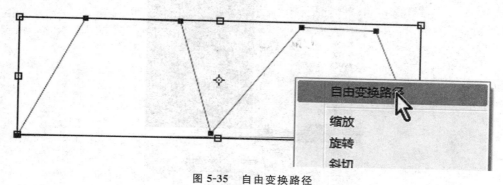

图 5-35　自由变换路径

| 任务实施 |

本任务利用钢笔工具等路径创建和编辑工具及形状工具和路径的计算来绘制如图 5-29 所示的太极标志,其详细的制作步骤如下。

(1) 新建一个图像文件,设置文件名称为"太极标记",宽度和高度均为 500 像素,如图 5-36 所示。

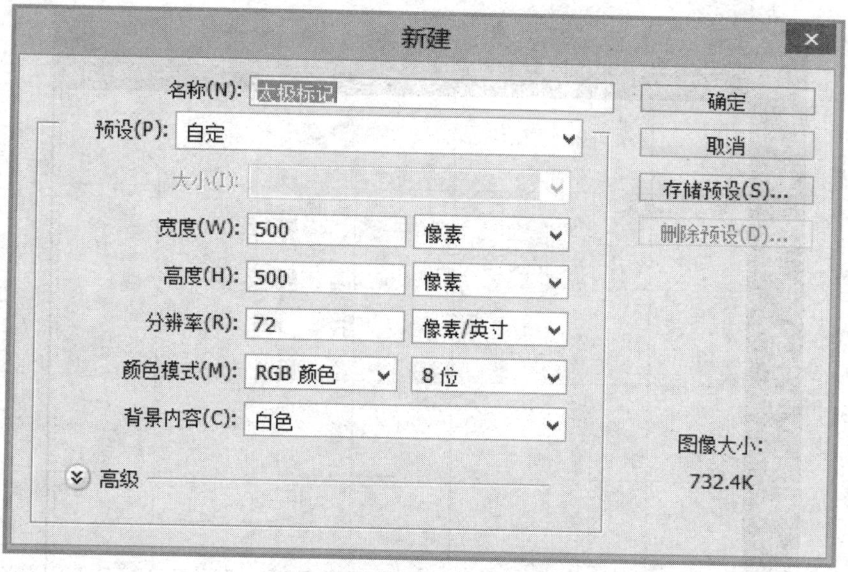

图 5-36　新建"太极标记"文件

选择"视图"/"显示"/"网格"命令,如图 5-37 所示,显示网格辅助线。选择工具箱中的"椭圆工具",并在对应的属性栏上选择"路径"模式,在画布中同时按下 Alt 键和 Shift 键拖拽出以鼠标落点为圆心的正圆,如图 5-38 所示。

(2) 选择"路径选择工具",选取整个圆形路径。在对应的状态栏中选择"路径操作"按钮下拉菜单中的"与形状区域相交"模式,如图 5-39 所示。

图 5-37　设置网格辅助线

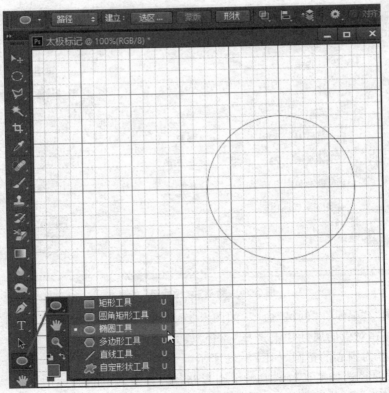

图 5-38　选择椭圆工具

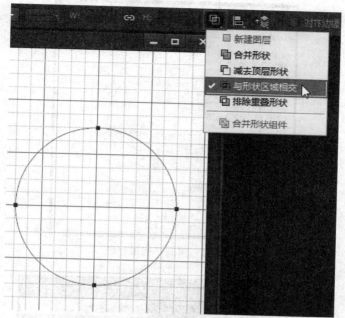

图 5-39 设置路径的计算方式

（3）选择"矩形形状工具"，在圆形的右半边上绘制矩形，保证与右半圆相交，如图 5-40 所示，在"与形状区域相交"模式下右半圆可以保留下来。再次单击"路径操作"按钮下拉菜单中的"合并形状组建"按钮，弹出如图 5-40 所示的对话框，单击"是"按钮，得到半圆路径，如图 5-41 所示。

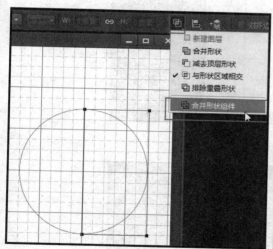

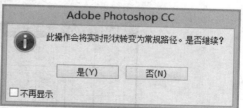

图 5-40 合并形状组建

（4）再次选择工具箱中的"椭圆工具"，按下 Shift 键在半圆部绘制一个小的正圆，使其直径为半圆的半径大小，如图 5-42 所示。接下来，点击"路径操作"按钮，选择"合并形状"模式，再次重复点击"路径操作"按钮，选择"合并形状组建"模式，并在弹出的菜单中，点击"是"按钮，得到如图 5-43 所示的路径形状。

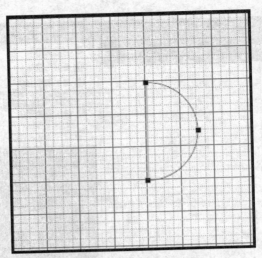

图 5-41　得到半圆形路径

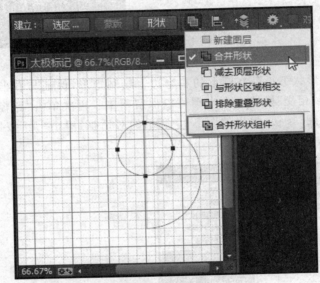

图 5-42　合并形状

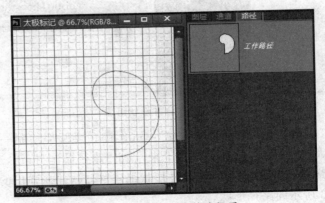

图 5-43　第一次合并路径后

（5）仍然使用"椭圆工具"，按下 Shift 键，在半圆的下部绘制一个小的正圆，如图 5-44 所示。这次选择"路径操作"按钮中的"减去顶层形状"模式，再次重复点击"路径操作"按钮，选择"合并形状组建"模式，并在弹出的菜单中点击"是"按钮，得到如图 5-45 所示的路径形状。

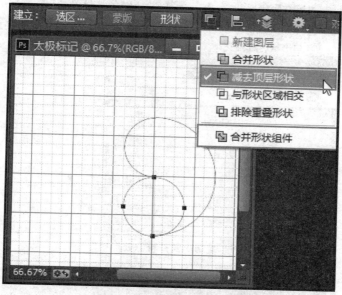

图 5-44　减去顶层形状并合并

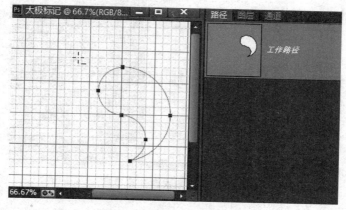

图 5-45　第二次合并路径后

（6）继续使用"椭圆工具"，按下 Shift 键，绘制一个更小的正圆，如图 5-46 所示。选择"直接选择工具"，选中画布中的所有路径，点击"路径操作"按钮，选择"排除重叠形状"模式，并再次选择"合并形状组建"模式，得到如图 5-47 所示效果。

（7）新建"图层 1"，并设置前景色为蓝色（#3d3d3d），在"路径"面板中单击右上方按钮，在下拉菜单中选择填充路径，如图 5-48 所示，弹出"填充路径"对话框，选择使用前景色填充路径，得到如图 5-49 所示效果。

（8）选择"路径选择工具"，放在画布的路径上，按下 Alt 键同时单击鼠标左键拖动鼠标，复制该路径（可以关闭图层 1 的可见状态，方便路径设置），如图 5-50 所示。

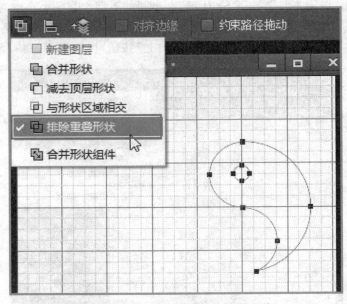

图 5-46　绘制小圆并排除在形状之外

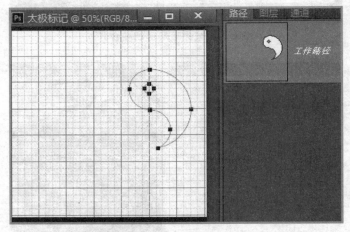

图 5-47　第三次合并路径后

图 5-48　填充路径

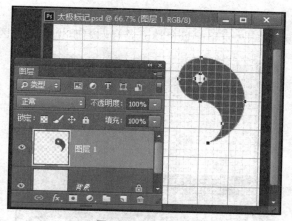

图 5-49　填充效果

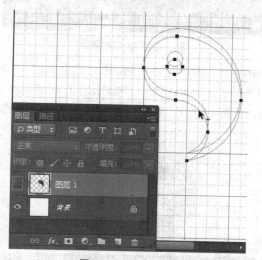

图 5-50　复制路径

（9）按下 Ctrl＋T 快捷键，对路径进行自由变换。右击在弹出的快捷菜单中选择"水平反转"，再次右击，在快捷菜单中选择"垂直反转"，如图 5-51 所示。

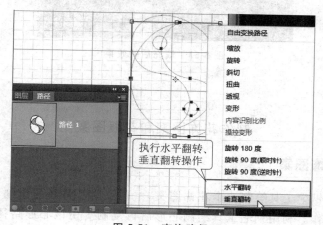

图 5-51　变换路径

（10）使用方向键将复制的路径移动到合适位置，新建图层 2，设置前景色为橘色（#f58d1e），在路径面板中单击"使用前景色填充路径"按钮，填充路径区域，如图 5-52 所示。

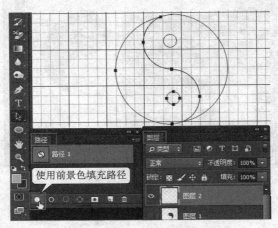

图 5-52　填充前景色

（11）打开图层面板中图层 1 的可见性按钮，此时效果如图 5-53 所示。这里可以将图层 1 和 图层 2 合并。按下 Ctrl 键分别单击选中，按 Ctrl＋E 快捷键拼合选中图层，最后为图层添加外发光和投影等样式，并添加文字"太极"，可以得到最终效果图，这里不再赘述。

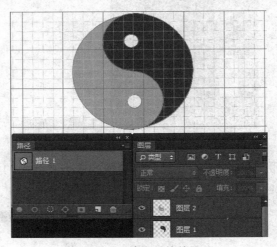

图 5-53　填充后的效果

｜任务拓展｜

制作花饰图案和花瓶图案

1. 制作花饰图案

本任务是使用钢笔工具绘制一个花饰图案，主要利用了路径的绘制、编辑、复制、变换，以及路径填充等操作。利用钢笔工具绘制心形后再复制 3 份该心形路径，将 4 个心形变换组合后，填充路径最终完成花饰图案的制作，效果如图 5-54 所示。

图 5-54　花饰图案效果

（1）新建一个 600×600 像素的图像文件，单击菜单栏中的"视图"菜单，在下拉菜单中选择"标尺"，则在画布中显示标尺，用鼠标从标尺处拖拽出参考线，使用"钢笔工具"绘制心形图案。

注意：选中"钢笔工具"后，首先设置其对应的属性栏中模式为"路径"模式，路径操作选择"排除重叠形状"模式。绘制路径时，切记节点越少越好，本任务使用两个路径节点通过"方向点工具"调整就可以完成心形路径的绘制，如图 5-55 所示。

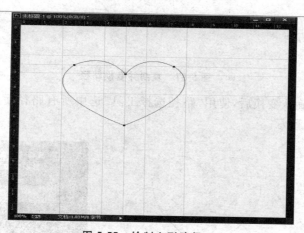

图 5-55　绘制心形路径

（2）选择"直接选择工具"将刚刚绘制好的路径移动到图像下半部分后，按下 Alt 键的同时拖动路径，复制绘制好的心形路径。接着，按 Ctrl＋T 快捷键变换复制的路径。右击选中路径弹出快捷菜单，选择"垂直翻转"，将复制的路径调整到图像的上半部分，使用键盘中方向键进行微调，使得两个心形路径底部节点重合，如图 5-56 所示。

（3）用同样的方式复制第三个心形路径，自由变换，选择"顺时针旋转 90°"后，移动到与前两个心形路径底部锚点重合的位置。再次复制第四个心形路径，如图 5-57 所示。

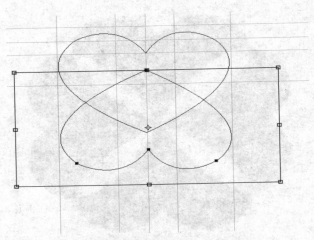

图 5-56　复制路径并变换移动

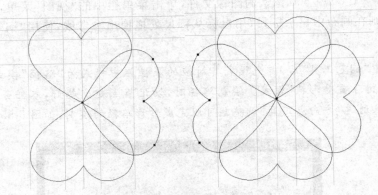

图 5-57　复制并变换路径

按下 Enter 键确认变换后,使用"路径选择工具"选中所有路径后,在"路径"面板中,路径的显示如图 5-58 所示。

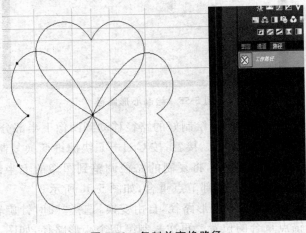

图 5-58　复制并变换路径

（4）为路径填充自定义图案。首先打开素材图片文件"紫花.jpg"，使用"矩形选框工具"选取一处（注意：要保证"矩形选框工具"的羽化值为0）。在菜单栏中选择"编辑"菜单中的"自定义图案"，如图5-59所示。

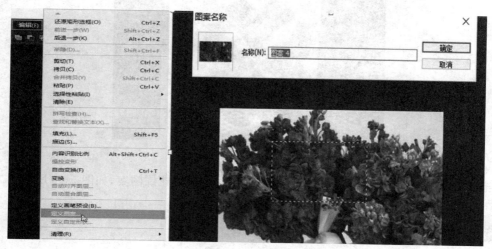

图5-59　自定义图案

之后，新建图层"图层1"，单击"路径"面板右上角处的"路径编辑"按钮▼，选择"填充路径"命令，在弹出的"填充路径"对话框中选择填充的图案，并设置填充的"羽化半径"为2像素，如图5-60所示。

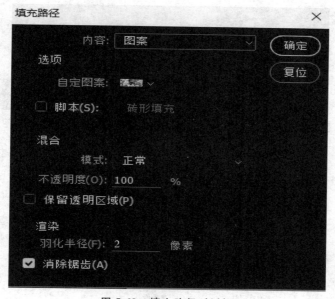

图5-60　填充路径对话框

（5）单击路径控制面板下的空白区域，隐藏路径，如图5-61所示。

图 5-61　隐藏路径

至此,制作完毕,读者可以根据自己的需要制作不同的花饰图案,如图 5-62 所示。

2. 制作花瓶图案

本任务是使用钢笔工具绘制一个花瓶图案,主要利用了路径的绘制、编辑、复制、变换、以及路径填充等操作,效果如图 5-63 所示。

图 5-62　其他花饰图案

图 5-63　花瓶效果图

(1)新建画布,命名为"花瓶",宽度和高度分别为 500 像素和 600 像素,分辨率为 72 像素/英寸,如图 5-64 所示。

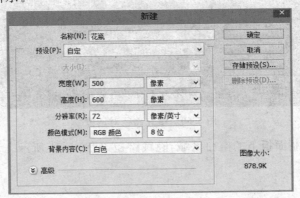

图 5-64　新建文件

（2）新建图层命名为"背景"，在工具栏中选择"渐变工具"，调整渐变色带，添加渐变，如图 5-65 所示。

图 5-65　调整渐变色带

（3）新建图层命名"花瓶"，按下 Ctrl+' 快捷键或单击菜单栏"视图"/"显示"/"网格"显示网格。并用"钢笔工具"绘制花瓶，用"转换角工具"使花瓶更加美观，除去网格，如图 5-66 所示。

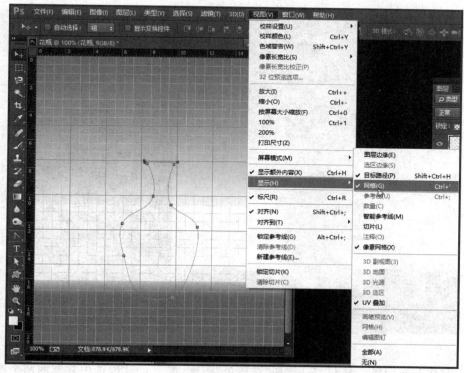

图 5-66　绘制花瓶路径

（4）选中图层"花瓶"，填充路径。单击"路径"面板灰色处隐藏路径，如图 5-67 所示。

图 5-67 填充花瓶路径

（5）新建图层命名为"花瓶色"，选中"花瓶色"，按下 Ctrl 键单击"花瓶"图层并将前景色改为 BDE1F5，按 Alt＋Delete 快捷键填充颜色，将"花瓶色"图层透明度改为 50％，如图 5-68 所示。

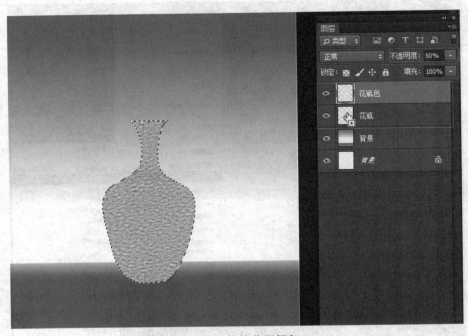

图 5-68 修饰花瓶颜色

（6）制作花瓶阴影。复制"花瓶"和"花瓶色"图层，按下 Ctrl 键选中复制的两个图层，按下 Ctrl＋T 快捷键将中心点移动至瓶底，点击右键选中垂直翻转，按下 Enter 键完成旋转，如

图 5-69 所示。

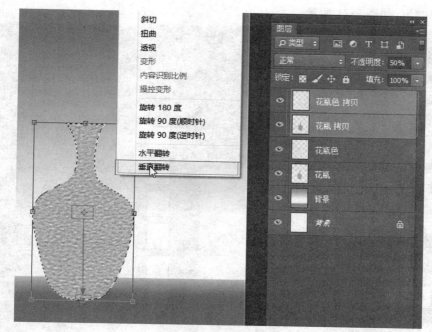

图 5-69　制作花瓶投影

（7）将"花瓶拷贝"和"花瓶色拷贝"两个图层的不透明度改为 7％，如图 5-70 所示。

图 5-70　调整投影图层不透明度

（8）现在花瓶制作完成，来制作点花朵吧。新建图层"花瓣"，使用"椭圆工具"并选择从

"选区中减去"画两个大小不一、重叠的椭圆。并将前景色改为 FA6A7B,按下 Alt＋Delete 快捷键填充颜色,如图 5-71 所示。

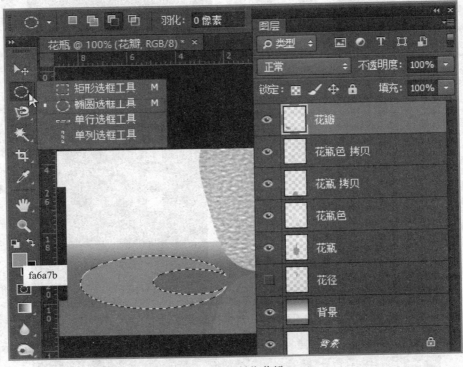

图 5-71　制作花瓣

(9)单击"图层"面板"创建新组"按钮,创建一个图层组。将"花瓣"图层拖进去。选中"花瓣"图层,按下 Ctrl＋T 快捷键自由变换,设置其对应属性栏中的"参考点位置"由中心点移动到花瓣右边中心位置,并旋转 15°(也可以通过鼠标来进行变换)。如图 5-72 所示。

图 5-72　自由变换花瓣

按下 Enter 键,确认变换,并按下 Shift＋Ctrl＋Alt 组合键并重复按下 T 键,就会复制该图层中的内容及上一步骤中自由变换的操作,从而得到一个花朵,如图 5-73 所示。选中"组

1"中的所有图层,按下 Ctrl＋E 快捷键向下合并图层,按下 Ctrl＋T 快捷键,进行大小调整,并放在恰当位置。

图 5-73　制作花朵

　　(10) 新建图层命名为"花径",用画笔画上茎叶。之后复制合并后的花瓣图层"花瓣 拷贝 18",分别得到"花瓣 拷贝 19"和"花瓣 拷贝 20"图层,移动位置并调整大小后,分别为这两个图层添加图层样式,选择颜色叠加样式并更改颜色,如图 5-74 所示。

图 5-74　复制花朵并改变颜色

　　到此,花瓶图案制作完毕。读者可以根据自己的需要进行进一步修饰。

任务 3　制作流星图

| 任务分析 |

本任务是使用路径及路径的描边和画笔的设置,完成流星图的设计制作,最终效果如图 5-75 所示。

图 5-75　流星效果图

| 任务知识 |

本任务中流星图的制作用到的知识除了路径的绘制及编辑之外,主要是路径的描边设置。描边操作中有三个要点:用什么描边、描边使用的颜色,以及描边的起点和终点。单击"路径"面板中的编辑按钮,在下拉菜单中选择"描边路径",弹出"描边路径"对话框。其中有多种工具可以用来描边路径,如"铅笔工具""钢笔工具""橡皮擦工具""仿制图章工具"等,如图 5-76 所示。

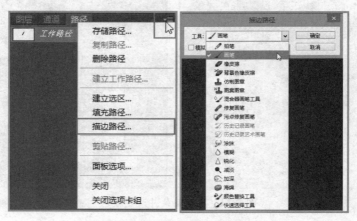

图 5-76　可选择的描边路径工具

当使用"铅笔工具"或"钢笔工具"描边时,使用前景色作为描边路径的像素颜色。描边由路径的起点开始到路径的终点结束。

　　当使用"画笔工具"描边路径时,设置好画笔笔尖和属性后,可以直接单击"路径"面板底部的"描边路径"按钮  ,即可完成画笔"沾着"前景色描边路径的操作。

任务实施

　　(1) 在 Photoshop CC 中打开素材图片"星空.jpg",使用"移动工具",选中背景图层,将其拖动到图层面板底部的新建按钮上,复制该背景图层为普通图层,作为图像背景图片,如图 5-77 所示。

图 5-77　复制背景图层

　　(2) 制作流星。新建并命名图层为"流星"。选择"钢笔工具",由左下至右上创建一个只有两个节点的开放路径(当开放路径最后一个节点结束后,按下 Ctrl 键在画面上单击即可完成开放路径的设置),最后使用"直接选择工具"和"转换点工具"调整路径的曲率,如图 5-78 所示。

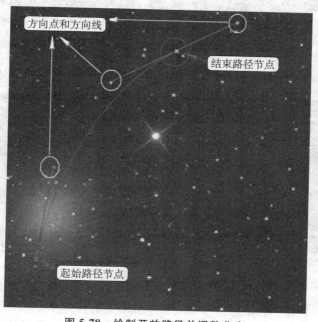

图 5-78　绘制开放路径并调整曲率

（3）选择"画笔工具"，打开"画笔"面板进行设置。设置画笔笔尖大小为 18 像素，硬度为 25%，间距为 25%，如图 5-79 所示。

接着设置画笔"形状动态"。这里主要设置"控制"为"渐隐"，步长为 70。可以在"画笔"面板底部看到所设置画笔的效果预览，如图 5-80 所示。

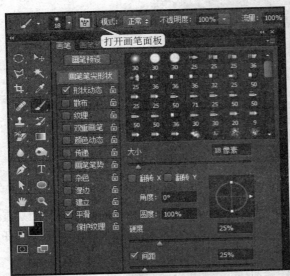

图 5-79　设置笔尖形状参数

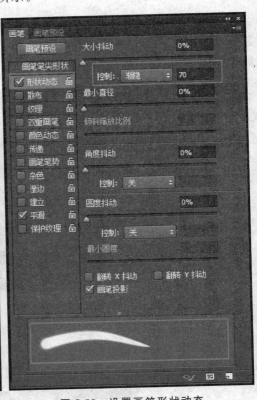

图 5-80　设置画笔形状动态

（4）设置前景色为白色，新建"图层 1"（选中图层 1）。在选中路径状态下，单击"路径"面板下方"描边路径"按钮 对路径进行描边，如图 5-81 所示。

图 5-81　描边路径及效果图

（5）单击"路径"面板下方的空白区域，取消路径的显示（单击工作路径显示路径）。选择"减淡工具"，选择图层"背景 拷贝"，在流星下方对应的位置单击，如图 5-82 所示。

（6）添加文字。读者可以用同样的方法（粗细不同的笔型）创建大小不同的流星，按下

图 5-82　使用减淡工具

Ctrl＋T 快捷键进行自由变换，并根据背景意境添加适当文字，实现不同效果的流星图，如图 5-83所示。

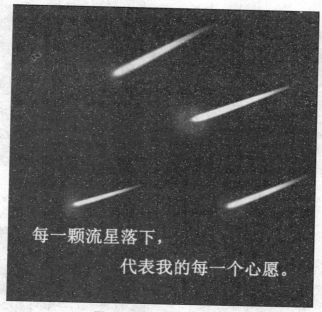

每一颗流星落下，
　　　　代表我的每一个心愿。

图 5-83　其他流星图效果

｜任务拓展｜

制 作 邮 票

本任务是完成一张邮票的制作，如图 5-84 所示。难点就是快捷完成邮票边缘的锯齿，这可以利用路径描边功能来实现。

（1）新建一个背景为白色的 700×600 像素的图像文件，新建"图层 1"，使用"矩形选框工具"画出一个矩形区域填充棕色(＃613B00)。复制该图层，按下 Ctrl＋T 快捷键变换复制图层中的像素区域。按下 Shift 键等比例缩小。再次按下 Ctrl 键单击该图层(图层 1 拷贝),选中像素区域后填充深棕色(♯3F2700),如图 5-85 所示。

图 5-84　邮票效果图

图 5-85　创建邮票背景区域

(2) 将素材文件载入该文件中,并调整大小和位置,如图 5-86 所示。

图 5-86　载入素材文件

（3）设置锯齿边缘。按下 Ctrl 键并单击图层 1，得到棕色区域的选框，在"路径"面板底部单击"从选区生成工作路径"按钮，如图 5-87 所示。

图 5-87 选区转换为路径

（4）选择"画笔工具"，在对应的属性栏中选择打开"画笔"面板设置画笔笔尖形状，大小为 30 像素，硬度为 100％，间距为 150％，如图 5-88 所示。

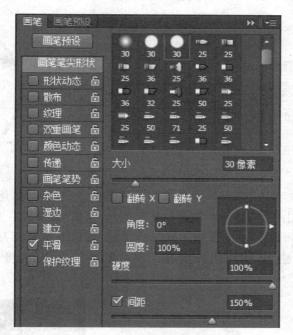

图 5-88 设置画笔

（5）设置前景色为白色，在图层 1 上新建"图层 3"，单击"路径"面板下方"描边路径"按钮对路径进行描边，如图 5-89 所示。

（6）单击"路径"面板中下方的空白区域，取消路径的显示（单击工作路径显示路径）。最后，添加文字素材完成邮票的制作。

图 5-89　描边路径

任务 4　制作邮戳

| 任务分析 |

　　该任务主要用到了路径操作、路径的复制与组合、路径填充描边、文字跟随路径等知识,完成邮戳效果图,如图 5-90 所示。

| 任务知识 |

图 5-90　最终效果图

1. 文字工具

　　Photoshop 中的文字是由基于矢量的文字轮廓组成,这些形状描述字样的字母、数字和符号。Photoshop 为用户提供了 4 种类型的文字工具,包括"横排文字工具""直排文字工具""横排文字蒙版工具"和"直排文字蒙版工具"。在默认状态下显示的为"横排文字工具",将光标放置在该工具按钮上,按住鼠标稍等片刻或单击鼠标右键,将显示文字工具组,如图 5-91所示。

图 5-91　文字工具组

图 5-92　横排文字和直排文字的图层效果

1）横排和直排文字工具

"横排文字工具"用来创建平行于画布底边的矢量文字。"直排文字工具"用来创建垂直于画布底边的文字。输入水平或垂直的矢量文字后,在"图层"面板中,将自动创建一个新的图层——文字层。横排和直排文字效果如图 5-92 所示。

2）横排和直排文字蒙版工具

"横排文字蒙版工具"与"横排文字工具"的使用方法相似,可以创建平行于画布底边的文字(水平文字);"直排文字蒙版工具"与"直排文字工具"的使用方法相似,可以创建垂直于画布底边的文字(垂直文字),但蒙版工具创建文字时,是以蒙版(有关蒙版的内容在项目 7 中介绍)的形式出现,完成文字的输入后,文字将显示为文字选区,而且在"图层"面板中,不会产生新的图层。横排和直排蒙版文字及图层效果如图 5-93 所示。

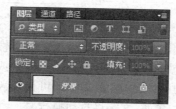

图 5-93　横排文字蒙版的图层效果

2. 文字的创建与设置

在 Photoshop CC 中,文字的创建分为单行文字和段落文字,它们在创建和编辑时的操作不同。

1）创建单行文字

创建单行文字时,每行文字都是独立的,单行的长度会随着文字的增长而增长,但默认状态下永远不会换行,只能进行手动换行。创建单行文字的操作步骤如下。

（1）在工具箱中选择文字工具组的任意一个文字工具,这里选择"横排文字工具"。

（2）在图像上单击鼠标,设置文字插入点,此时可以看到图像上有一个闪动的竖线光标。如果是横排文字在竖线上将出现一个文字基线标记;如果是直排文字,基线标记就是字符的中心轴。

（3）在"文字工具"属性栏中设置文字的字体、字号、颜色等参数,如图 5-94 所示。也可以通过"字符"或"段落"面板来设置,然后直接在画布上输入文字即可。若要换行,可以按下 Enter 键。当完成文字输入后,单击文字属性中的"提交所有当前编辑"按钮。

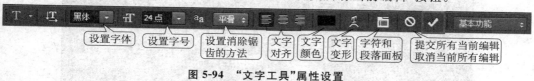

图 5-94　"文字工具"属性设置

2）创建段落文字

创建段落文字,首先需要使用"文字工具"在输入文字区域内拖动出文本框,文字会基于文本框大小进行换行。通过按下 Enter 键可以将文字分为多个段落,可以通过调整外框的大小来调整文字的排列,还可以利用外框旋转、缩放和斜切文字。下面来详细讲解创建段落文字的方法,具体操作步骤如下:

(1) 在工具箱中选择文字工具组的任意一个文字工具,比如选择"直排文字工具"。

(2) 在文档窗口中的合适位置单击鼠标沿着对角线方向拖出一个矩形框,这是段落的文本区域,释放鼠标即可创建一个段落文字框,创建效果如图 5-95 所示。

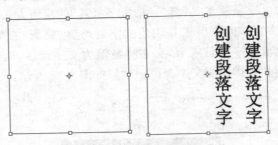

图 5-95　创建段落文字

(3) 在段落边框中可以看到闪动的输入光标,在文字属性栏中设置文字的字体、字号、颜色等参数,也可以通过"字符"或"段落"面板来设置。选择合适的输入法,输入文字即可创建段落文字,当文字达到边框的边缘位置时,文字将自动换行。

(4) 如果想开始新的段落可以按下 Enter 键,如果输入的文字超出文字框的容纳范围时,在文字框的右下角将显示一个溢出图标,如图 5-96 所示,可以调整文字外框的大小以显示超出的文字。如果想完成文字输入,可以单击文字属性栏中的"提交所有当前编辑"按钮,或者按下Ctrl+Enter组合键结束录入。

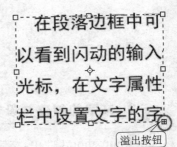

图 5-96　创建段落文字

3) 字符与段落面板设置文字属性

单行文字和段落文字的属性栏中对应的属性设置都可以在字符和段落面板中进行设置,另外在字符与段落面板中还包含更加高级的属性设置,例如文字间距设置、文字水平缩放和垂直缩放、行高设置、段落对齐方式设置、段落首行缩进设置等,如图 5-97 所示。

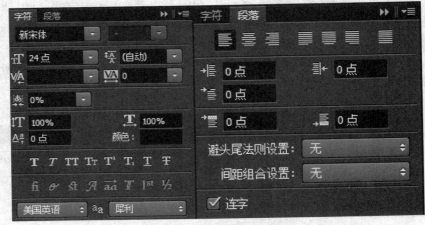

图 5-97　字符和段落面板

4）创建文字变形

（1）使用"变形文字"对话框。Photoshop CC 中可以通过属性栏中的"创建文字变形"按钮设置文字变形。选中要编辑的文字后，单击"创建文字变形"按钮在弹出的变形文字对话框中选择变形样式（Photoshop CC 中共有 15 种变形样式），设置变形方向为水平或者垂直，还可以设置变形的弯曲、水平扭曲和垂直扭曲，如图 5-98 所示。

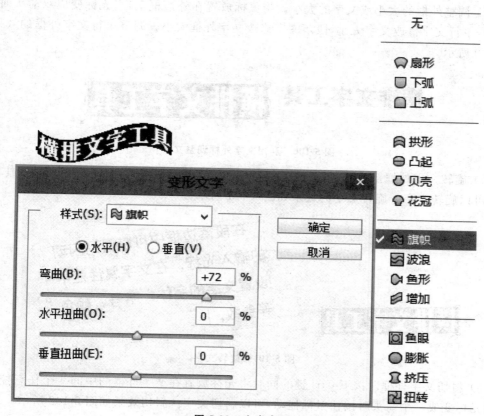

图 5-98　文字变形

（2）设置文字跟随路径。在 Photoshop 中，文字变形常用的一种形式是通过设置文字跟随路径实现的，因为有什么形状的路径就可以设置什么形状的文字，如图 5-99 所示。首先绘制路径（可以是开放路径也可以是闭合的路径），之后选择"文字工具"，当鼠标在路径上变为插入点并带有一条开放路径的形式后单击鼠标输入文字，文字便会跟随路径的形状排列。

图 5-99　设置文字跟随路径

5）利用文字外框调整文字

对文字的调整可以通过文字外框实现，文字在编辑模式下按下 Ctrl 键就会显示文字外框。段落文字在文字输入时会显示文字外框，按下 Ctrl 键实现对外边框的编辑。若已经是输入完成的段落文字在编辑模式中可以显示文字外框，再次按下 Ctrl 键实现对外边框的编辑。

（1）调整外框的大小或文字的大小。将鼠标放置在外边框上，当光标变成双箭头时，拖动鼠标，单行文字修改文字大小，段落文字修改文字外框大小。调整单行文字外框的效果如图 5-100 所示。

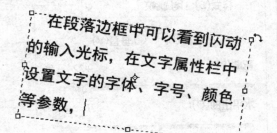

图 5-100　利用文字外框调整文字

（2）旋转文字外框。将光标放置在文字外框外，当光标变成弯曲的双箭头时，按住鼠标拖动，可以旋转文字。旋转文字的效果如图 5-101 所示。

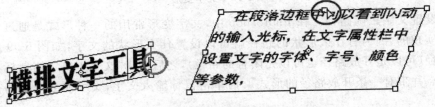

图 5-101　旋转文字

（3）斜切文字外框。按下 Ctrl 键的同时将光标放置在文字外框的中间 4 个任意控制点上，当光标变成一个箭头时按住鼠标拖动，可以斜切文字。斜切效果如图 5-102 所示。

图 5-102　斜切文字的操作效果

3. 定位和选择文字

如果要编辑已经输入的文字，首先在"图层"面板中选中该文字图层，在工具箱中选择相关的文字工具，将光标放置在文档窗口的文字附近，当光标改变时单击鼠标，定义光标的位置，然后输入文字即可。如果此时按住鼠标拖动，可以选择文字，选取的文字将出现反白效果，如图 5-103 所示。选择文字后，即可应用"字符"或"段落"面板或其他方式对文字进行编辑。

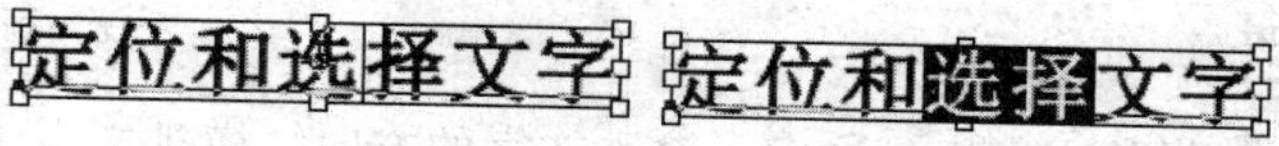

定位和选择文字　定位和选择文字

图 5-103　定位和选择文字

4. 移动文字

在输入文字的过程中,如果将光标移动到位于文字以外的其他位置,光标改变。按住鼠标可以拖动文字的位置。如果文字已经完成输入,可以在"图层"面板中选择该文字层,然后使用"移动工具"即可移动文字。

5. 查找和替换文本

为了方便文本操作,Photoshop CC 还为用户提供了查找和替换文本功能,通过该功能可以快速查找或替换指定文本,具体操作步骤如下。

(1) 选择要查找或替换的文本图层,或者将光标定位在要搜索文本的开头位置。如果要搜索文档中的所有文本图层,选择一个非文本图层。

(2) 执行菜单栏中的"编辑"/"查找和替换文本"对话框,如图 5-104 所示。

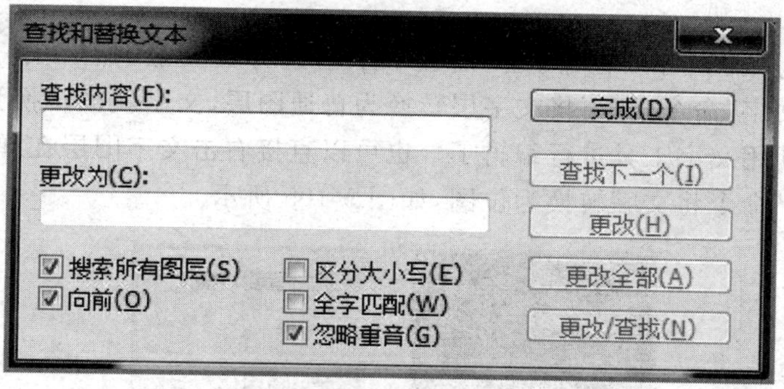

图 5-104　"查找和替换文本"对话框

(3) 在"查找内容"文本框中输入或粘贴想要查找的文本,如果想要更改文本,可以在"更改为"文本框中输入新的文本内容。

(4) 指定一个或多个选项可以细分搜索范围。选中"搜索所有图层"复选框,可以搜索文档中的所有图层。不过该项只有在"图层"面板中选定了非文字图层时,才可以使用。选中"区分大小写"复选框,则将搜索与"查找内容"文本框中文本大小写完全匹配的内容;选中"向前"复选框表示从光标定位点向前搜索;选中"全字匹配"复选框,则忽略嵌入更长文本中的搜索文本,如要以全字匹配方式搜索"search",则会忽略"serching"。

(5) 单击"查找下一个"按钮可以开始搜索,单击"更改"按钮则使用"更改为"文本替换查找到的文本,如果想重复搜索,需要再次单击"查找下一个"按钮;单击"更改全部"按钮则搜索并替换所有查找匹配内容;单击"更改/查找"按钮,则会用"更改为"文本替换找到的文本并自动搜索下一个匹配文本。

6. 文字方向

在输入文字时,选择的文字工具决定了输入文字的方向,"横排文字工具"用来创建水平矢量文字;"直排文字工具"用来创建垂直矢量文字。当文字图层的方向为水平时,文字左右排列;当文字图层的方向为垂直时,文字上下排列。

如果已经输入了文字并确定了文字方向,还可以使用相关命令来更改文字方向,以下是具体操作步骤。

（1）在"图层"面板中选择要更改文字方向的文字图层。

（2）执行下列任意一种操作:选择一个文字工具,然后单击选项栏中的"切换文本取向"按钮,即可实现水平向垂直或者是垂直向水平的切换。

另外,实现以上效果还可以执行菜单栏中的"图层"/"文字"/"水平"或"图案"/"文字"/"垂直"命令。也可以通过选择"字符"面板中的"更改文本方向"来实现相同的操作效果。

7. 栅格化文字层

文字本身就是矢量图形,如果要对其使用滤镜等位图命令,必须先将文字转换为位图,然后才可以使用。

将文字转换为位图,可以在"图层"面板中单击选择文字层,然后执行菜单栏中的"图层"/"栅格化"/"文字"命令,即可将文字层转换为普通图层,文字就被转换为了位图,这时的文字已经不能再使用文字工具进行编辑了。也可以直接右击文字图层在弹出的快捷菜单中选择"栅格化文字"命令将文字转换为位图,如图 5-105 所示。

图 5-105　栅格化文字

| 任务实施 |

（1）新建文件,命名为"邮戳"。新建一个白色背景的文件,其宽度和高度均为 600 像素,分辨率为 72 像素/英寸,相关参数如图 5-106 所示。

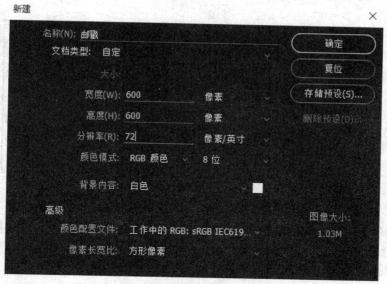

图 5-106　新建文件

（2）设置工具属性，新建"图层 1"，调出标尺并拖出参考线，执行工具箱中的"椭圆工具"按钮，在工具属性栏中设置各项参数，如图 5-107 所示。

图 5-107　"椭圆工具"属性栏

（3）绘制正圆路径。绘制的方式与绘制正圆选区一样，按下 Alt＋Shift 组合键的同时，拖拽鼠标将会绘制一个以鼠标落点为中心的正圆路径，效果如图 5-108 所示。

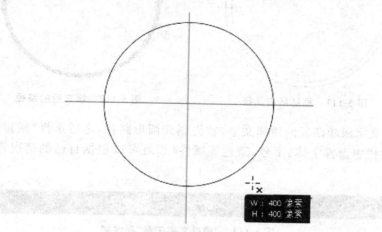

图 5-108　绘制正圆

（4）复制路径。使用"路径选择工具"，选择绘制的正圆路径，按下 Alt 键的同时拖拽鼠标复制正圆路径，如图 5-109 所示。

（5）等比例缩小路径。按下 Ctrl＋T 快捷键，运用自由变换路径操作等比例缩小复制的路径，放置在如图 5-110 所示的位置。

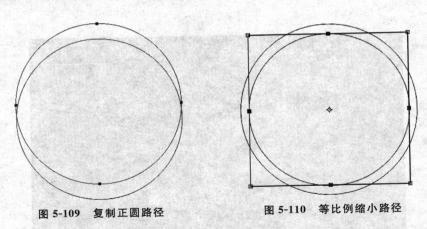

图 5-109　复制正圆路径　　　　　　图 5-110　等比例缩小路径

（6）选择所有路径。确认路径缩小操作，再次使用"路径选择工具"，框选图像的所有路径，如图 5-111 所示。

（7）对齐并运算路径。依次单击"路径选择工具"属性栏中的水平中心对齐和垂直中心对齐按钮，对齐选择的正圆路径。单击"重叠形状区域除外"按钮，再单击"组合"按钮，结果只剩下两个正圆没有相交的部分。

（8）填充路径。设置工具箱中的前景色为黑色，单击"路径"控制面板下方的按钮，使用前景色填充路径，在图层 1 中填充黑色，如图 5-112 所示。

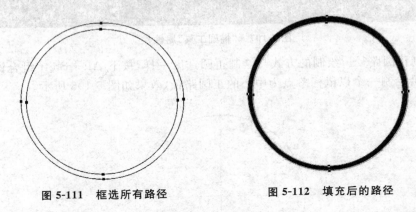

图 5-111　框选所有路径　　　　　　图 5-112　填充后的路径

（9）绘制文字跟随路径的顶部文字，首先创建圆形路径，之后选择"横排文字工具"，在其对应的属性栏中设置字体、字号、颜色等属性（读者可以根据自己的情况进行调整）。如图 5-113所示。

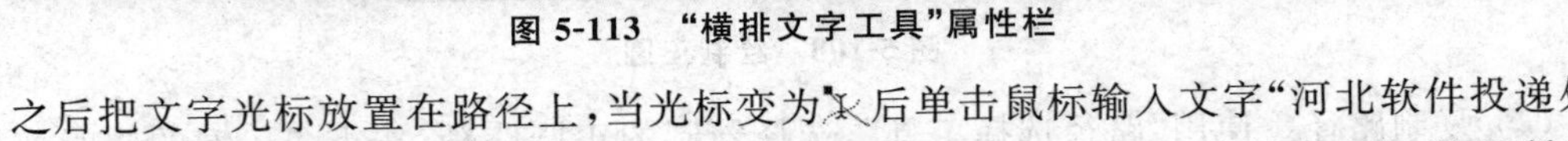

图 5-113　"横排文字工具"属性栏

之后把文字光标放置在路径上，当光标变为 后单击鼠标输入文字"河北软件投递处"。这里需要调整字符间距以保证文字均匀的分散在印章的顶部，单击"字符"面板，设置所选字符的字距为 270，如图 5-114 所示。

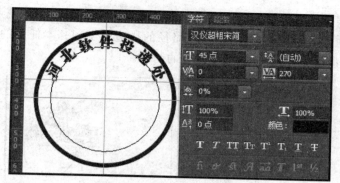

图 5-114　输入文字并调整字距

（10）输入中部的数字文字和底部的变形文字。中部文字的设置如前面相关知识中的介绍，这里不再赘述。对于底部的路径文字设置，由于路径的起点和终点已经确定，文字方向不能满足需要，因而需要使用钢笔工具自己绘制路径。可以绘制一条从左至右的开放的弧形路径（路径的起点要与文字的开始方向保持一致），如图 5-115 所示。

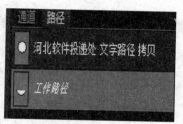

图 5-115　绘制文字跟随路径

之后，在其上输入相关文字"保定市东风东路 999 号"，这里不再赘述。

（11）绘制黑色曲线。新建"图层 2"使用"钢笔工具"在图像中绘制一条开放的曲线路径后，再复制 2 条路径。最后，调整笔尖，执行"使用画笔描边路径"，在图层 2 中绘制黑色曲线条，如图 5-116 所示。最终效果如图 5-117 所示。

图 5-116　制作 3 条曲线开放路径　　　　图 5-117　最终效果图

任务拓展

制作明信片

本任务是制作一张明信片，主要用到了"文字工具""路径工具"等，成品效果如图 5-118

所示。该任务中很多素材都是本项目中已经完成的任务,如邮票、邮戳、花瓶等,还有一些图像元素例如方格横线等,都可以利用路径和路径的描边来实现。本任务的制作重点是文字的使用,以下操作步骤中,主要提示文字内容的制作。

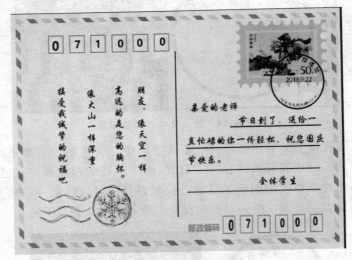

图 5-118　明信片效果图

（1）新建画布,并新建"图层 1"。选择渐变工具,调整渐变色带为图层 1 填充渐变颜色,如图 5-119 所示。

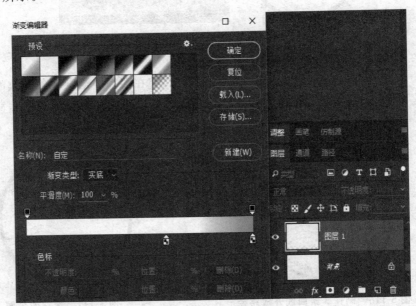

图 5-119　背景设置

（2）向图像中分别载入邮戳、邮票、花瓶等素材元素。接下来新建图层,利用路径和路径描边等操作制分割线、横线条、邮编框等,如图 5-120 所示。

（3）输入文字。分别选择"横排文字工具"和"直排文字工具",设置字体、字号、颜色并输入对应文字即可,这里字体主要使用了宋体、华文行楷、迷你简黄草;文字颜色采用了黑

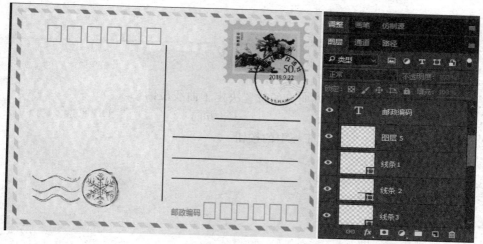

图 5-120　绘制明信片

色、棕色和红色；字号采用了 12～14 点。读者也可以根据自己的设计来设置。明信片制作完成，最终效果如图 5-121 所示。

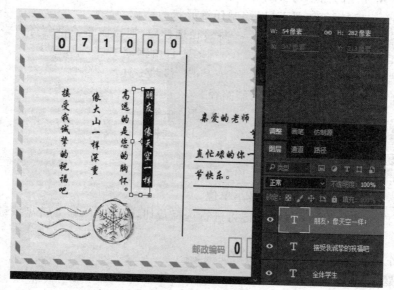

图 5-121　输入文字

小　　结

　　本节主要讲解路径的绘制及其在 Photoshop 中常用的使用方式，包括描边、填充、与选区的转换等。另外，介绍了 Photoshop 中文字设置和编辑。路径和文字都是图像制作中不可缺少的元素，要多加练习才能熟练使用。

习　题

一、选择题

1. 在路径曲线上,方向线和方向点的位置决定了曲线段的(　　)。

A. 角度　　　　　　B. 形状　　　　　　C. 方向　　　　　　D. 像素

2. 以下(　　)不属于"路径"面板中的按钮。

A. 用前景色填充路径

B. 用画笔描边路径

C. 从选区生成工作路径

D. 复制当前路径

3. 以下选项中错误的是(　　)。

A. 形状图层中的对象放大任意倍数后仍不会失真

B. 路径放大一定的倍数后将呈现一定程度的失真

C. 路径中路径段的曲率与长度可以被任意修改

D. 理论上,使用"钢笔工具"可以绘制任意形状的路径

4. 在按下 Alt 键的同时,使用(　　)将路径选择后,拖拉该路径将会将该路径复制。

A. 钢笔工具　　　　　　　　　　B. 自由钢笔工具

C. 直接选择工具　　　　　　　　D. 移动工具

5. 我们通常使用(　　)工具来绘制路径。

A. 钢笔　　　　　　　　　　　　B. 画笔

C. 路径选择　　　　　　　　　　D. 选框

二、填空题

1. 路径可以分为_____和_____。

2. _____是组成位图图像的最小单位。

3. "选择工具"配合"Ctrl"键盘按键可进行选择裁切,配合_____键盘按键可进行选择复制。

4. 将工作路径快速转换为选区的快捷键是_____。

三、判断题

1. 钢笔工具用于创建随意路径或沿图像轮廓创建路径。(　　)

2. Photoshop 可以将绘制的直线路径转化为参考线。(　　)

3. 使用直接选择工具选择整个路径节点,可以按下 Shift 键的同时在路径中单击,即可将全部路径节点选中。(　　)

四、简答题

1. 简述路径在图像处理过程中的作用?

2. 简述路径的特点。

3. 用"钢笔工具"可以绘制几种路径?在绘制过程中有什么不同?

五、上机练习

制作一幅 2015 年日历,如图 5-122 所示。

制作提示：本任务的核心知识和技能就是要熟练掌握路径绘制与计算,从而实现预期图像效果。

图 5-122　图像效果图

制作分析：完成本任务所用到的素材如图 5-123 所示,一幅为背景素材图片,一幅为狗的素材图片。

图 5-123　素材图像

首先,把狗的部分从素材图片中抠出。两只狗的位置有四处空隙,其中两处呈缺口状,可以直接描绘出来,中间还有两处空隙要进行挖空处理,如图 5-124 所示,这就需要用到路径的计算功能——"排除重叠形状"来实现。其次,要对背景图片做模糊处理,使得画面重点突出,具有层次感。

参考步骤：

(1) 在 Photoshop CC 中打开两幅素材图像,点击选中狗的图像为当前文件,选择工具箱中的"钢笔工具",在对应的属性栏中选择"路径"模式,围绕狗的外边缘依次单击并拖拽画出尖角点或平滑点的路径节点,最后使鼠标回到起始点,完成路径的绘制。

(2) 调整路径形状,在"钢笔工具"选中状态下,按下 Ctrl 键可以将"钢笔工具"切换为"直接选择工具"(释放 Ctrl 键则返回"钢笔工具"状态);按下 Alt 键将光标放到路径节点或

图 5-124　连续区域

方向点上,"钢笔工具"转换为"转换点工具"实现对路径的编辑操作(释放 Alt 键则返回"钢笔工具"状态)。在"钢笔工具"选中状态下,按下 P 键可以将在"钢笔工具"转换为"路径选择工具",选中整条路径移动路径位置等。

(3) 将要选择的区域外围路径绘制完毕后,点击属性栏中的"路径操作"按钮,在弹出菜单中选择"排除重叠形状",使用"钢笔工具"在两处狗耳朵处绘制路径,进行挖空处理。最后得到的路径如图 5-125 所示。

图 5-125　路径抠图

(4) 将路径转换为选区,使用"移动工具"将该选中区域拖动到雪景图片文件中。同时使用移动工具将作为背景图层的雪景图片拖动到图层面板中的新建按钮,得到背景图层的拷贝图层,如图 5-126 所示。

(5) 选中"背景拷贝"图层,按下 Ctrl+T 快捷键(执行自由变换图层命令)/"右击"/"水平翻转"图层。之后,执行菜单中的"滤镜"/"模糊"/"镜头模糊"命令,将雪景模糊处理,以达到效果图中所示的画面层次,如图 5-127 所示。

图 5-126　背景拷贝

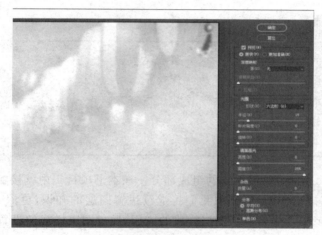

图 5-127　镜头模糊

最后,调整各个图层的位置,并将相关文字加入图像中,实现最终效果。

6 项目6
Chapter 6
图层与通道

>>> **学习目标**

1. 学会图层的基本操作并能够区分图层类型。
2. 学会利用图层样式设计图像的特殊效果。
3. 学会使用填充或调整图层功能设计图像特殊效果。
4. 掌握通道的基本操作。
5. 学会利用通道制作图像的特殊效果。

"图层"是 Photoshop CC 最重要的组成部分。在本书项目 1 中就接触到了图层新建、删除、链接及合并等基础操作,本项目中我们将继续讲解图层的知识,更深入地了解图层的高级编辑操作和应用范围。主要包括图层样式的应用,通过图层样式的设置轻松制作浮雕、发光、阴影等效果,并学习调整图层的应用。

"通道"是 Photoshop CC 中又一个非常重要的概念,是图像制作及处理过程中不可缺少的工具。它是将图像中包含的颜色模式信息、选区信息等数据,以灰度图像的方式分类和管理。通道的应用非常广泛,可以用通道来建立选区,对选区进行各种操作;也可把通道看作由原色组成的图像,因此可利用滤镜进行原色通道的变形、色彩调整、拷贝粘贴等工作。

将通道与蒙版结合起来使用,可以大大地简化对相同选区的重复操作。利用通道可将各种形式建立的选区存起来,方便以后的调用。利用通道,还可以方便地使用滤镜完成无法使用选区工具和路径工具制作的各种特效图像。

任务 1 制作精美书签

| 任务分析 |

书签是常用的读书工具之一。本任务是将一张普通图片通过图层样式设置等操作,变为一个精美的书签,如图 6-1 所示。

图 6-1 精美书签

本任务的制作步骤如下。

(1) 将背景层转换为普通图层。

(2) 创建书签外形效果。

(3) 为书签描边并编辑边框的斑点效果。

(4) 转换图层类型,为书签添加背景色。

(5) 为书签添加投影效果。

(6) 绘制书签连线并输入文字,完成最终效果。

| 任务知识 |

1. 图层类型

Photoshop CC 中的图层类型比较多,主要包括像素图层、文字图层、形状图层、调整图层及智能对象图层等,可以在"图层"面板(或按 F7 快捷键)中找出这些图层。

其中,像素图层又包括背景图层、透明图层和普通图层;智能对象图层则包括置入的普通位图、矢量图、音频、视频及三维场景文件等。以下对各类图层进行简单的介绍。

1) 背景图层

背景图层位于"图层"面板的最下方,这类图层不可以设置合成模式和不透明度,不可以移动,不可以设置图层样式和图层蒙版等。一幅图像中可以没有背景图层,或只能有一个背景图层,如图 6-2 所示。

2) 文字图层

使用文字工具在图像中输入文字后,"图层"面板中会自动生成文字图层。文字图层最大的特点就是图层缩略图前有一个 **T** 标志。在文字图层状态下,可以通过"文字工具"属性栏对文字进行再编译,但 Photoshop CC 中的某些命令,如"描边"等不能执行,若要执行这些操作就需要将文字图层转换成普通的图层,如图 6-3 所示。

图 6-2　背景图层

图 6-3　文字图层

3）形状图层

形状图层主要是在"钢笔工具"和"矢量绘图工具"属性栏中按下██按钮时创建的,其特点与文字图层类似,如果需要对其进行描边操作则需转换为普通图层进行操作。另外,用户可以对图层蒙版设置相应的混合模式,还可以像编辑一般路径那样,调整其节点的位置和平滑效果,从而改变图层蒙版的形状。在图像处理过程中,形状图层并不常用,如图 6-4 所示。

4）调整图层

选择"图层"/"新建调整图层"子菜单中命令(共计有 16 个命令)或者单击"图层"面板下方的"创建新的填充或调整图层"按钮⬤,在打开的下拉列表框中选择诸如"色彩平衡""色相/饱和度"等选项,即可创建调整图层,如图 6-5 所示。

图 6-4　形状图层

图 6-5　调整图层

"调整图层"命令与"图像"/"调整"子菜单中相对应的命令参数是完全一致的,但是也存在明显的区别。

（1）调整图层对任何图层无破坏作用,调整命令则会破坏图层上的像素值。

（2）调整图层命令能够有效记忆修改的参数,而调整命令一旦使用完毕,下一次使用时,参数将全部归零。

5）填充图层

选择"图层"/"新建调整图层"子菜单中命令（共计有 16 个命令），或者单击"图层"面板下方的"创建新的填充或调整图层"按钮，在打开的下拉列表框中选择"纯色""渐变"和"图案"3 类填充图层，如图 6-6 所示。

图 6-6　填充图层

2. 图层面板与菜单

"图层面板"和"图层菜单"是处理图像必不可少的工具，几乎所有的图层操作都离不开它们。对特定的图层可以进行复制、删除、合并及添加蒙版等操作，这些操作一般不会影响其他图层。同一个图像文件中的所有图层都具有相同的像素和色彩模式。"图层面板"和"图层菜单"中的许多功能都是相通的，例如，为某一图像添加样式，通过"图层面板"的按钮可以实现，通过执行"图层菜单"中的相关命令也可以实现。

打开"女神节.psd"图像，这是一幅包含多个图层类型的图像，各图层显示的图像内容如图 6-7 所示。

图 6-7　"女神节.psd"图像的图层信息

执行菜单栏中的"窗口"/"图层"命令,或按下 F7 键,显示"图层"面板,如图 6-8 所示。

图 6-8 "图层"面板

"图层"面板中的各个按钮和图标的意义如下。

"图层链接"按钮 :链接后的图层可以同时进行移动、变换、复制、删除和锁定等操作。

"图层样式"按钮 :在弹出的下拉菜单中可以选择不同选项,为当前图层添加不同的图层样式。

"图层蒙版"按钮 :可以为当前图层添加图层蒙版。

"新建调整图层"按钮 :在弹出的下拉菜单中可以选择新填充选项和新调整选项。

"新建图层组"按钮 :图层组又称图层序列,其作用非常类似 Windows 的文件夹,主要作用是管理图层。在图像处理过程中,可以把属于同一类型的图层放置在同一个图层组即图层序列中,这样便于图层查找和修改。

"新建图层"按钮 :这是"图层"面板中点击率最高的按钮之一。如果将原有的图层拖拽到该按钮上,可以得到该图层的副本(即复制图层)。

"删除图层"按钮 :选择要删除的图层,按住鼠标,将其拖拽至该按钮上,可以快速删除该图层。

"锁定当前选择图层的透明像素区域"按钮 :锁定后的像素不能被编辑。

"锁定当前图层图像的编辑操作"按钮 :锁定后的图层不能被编辑,但可以随意移动图像。

"锁定当前图层图像的移动操作"按钮 :锁定后的图层图像不能被移动。

"锁定当前图层图像的所有编辑操作"按钮 :单击该按钮,当前图层的属性如同背景层的属性。

"图层显示"按钮 ◉：单击该按钮，可以将当前图层中的图像隐藏，再次单击即可显示隐藏的图层。

3. 图层类型与转换

为了编辑和制作的方便，很多常用图层可以相互转换，具体转换方式如下所述。

1）背景图层转换为普通图层

在"图层"面板中选择背景层，选择菜单栏中的"图层"/"新建"/"背景图层"命令，或在"图层"面板中双击背景层，弹出"新建图层"对话框，如图6-9所示。

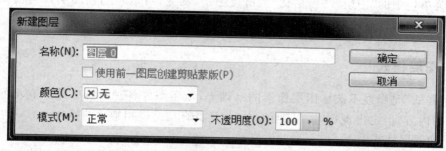

图6-9　新建图层

在"新建图层"对话框中设置该图层的名称、颜色、模式和不透明度。单击"新建图层"对话框中"确定"按钮，即可将背景层转换为普通层。

"新建图层"对话框中各个参数的含义如下。

名称：设置转换后普通图层使用的名称。

颜色：设置该图层在"图层"面板中以什么颜色显示，这个颜色对图像本身不产生影响，它的作用只是用来在"图层"面板显著标识某一图层，或可利用各种颜色对图层进行分类。对于一般的图层，只要在"图层"面板中的要设置的图层上单击鼠标右键，在弹出的右键菜单中单击"图层属性"命令，就可在弹出的"图层属性"对话框中设置该层的颜色。

模式：设置转换后图层的模式。

不透明度：设置转换后图层的不透明度。

2）普通层转换为背景层

要将一个普通图层转换为背景图层，首先要确认当前图像中有没有背景图层。因为一个图像中只能有一个背景图层。选择要转换的普通图层，选择菜单栏中的"图层"/"新建"/"图层背景"命令，即可将当前普通图层转换为背景图层。

3）文字层转换为普通图层

如果当前图层为文字图层，很多命令将不能使用，如菜单栏中的"滤镜"命令等。如果要使用这些命令和功能就需要将文字图层转换为普通图层，在 Photoshop 中将一些特殊的图层，如文字图层、填充图层、图形图层等转换为普通可编辑内容的过程称为栅格化。选择要进行栅格化的文字图层，选择菜单栏中的"图层"/"栅格化"/"文字"命令，即可将当前文字层转化为普通图层。

注意：文字图层转化为普通图层的过程是一个不可逆的过程，也就是说一旦转化为普通图层就不可能再转化为文字图层了。读者在进行转换前，一定要先确认文字编辑部分确实已经完成，并且没有任何错误。

4) 其他图层转换为普通图层

选择菜单填充内容栏中的"图层"/"栅格化"命令，可以看到除了"文字"命令外，还有"形状""填充内容"和"矢量蒙版"命令，这 3 项命令可以将图形层、填充层等转换为普通层。

选择菜单栏中的"图层"/"栅格化"/"图层"命令，可以将当前图层转换为普通图层，但不转换图层效果。

选择菜单栏中的"图层"/"栅格化"/"链接图层"命令，可以将当前图层及当前图层链接的图层全部转换为普通图层。

4. 图层样式

"图层样式"是指在不破坏图层像素的基础上，赋予图像各种特殊效果。它虽然不属于图层本身的内容，但也出现在"图层"面板中，并且具有与滤镜相媲美的魅力。

1) 添加图层样式

执行菜单栏中的"图层"/"图层样式"命令，在弹出的下拉子菜单中选择相应的选项。

单击"图层"面板下方的"创建新调整或新填充的图层"按钮，在弹出的下拉菜单中选择相应的选项。

在"图层"面板中双击要添加图层样式的图层，在弹出的"图层样式"对话框中选相应选项。

(1) 投影效果。打开"印花背景.jpg"素材，将"五星.jpg"拖入到"印花背景.jpg"中，如图 6-10 所示。

图 6-10　五角星图片

单击"图层"面板下方的"创建新调整或新填充的图层"按钮，在弹出的"图层模式"对话框中单击"投影"选项，并设置各项参数，如图 6-11 所示。

设置完成后，单击"确定"按钮，图像的投影效果如图 6-12 所示。

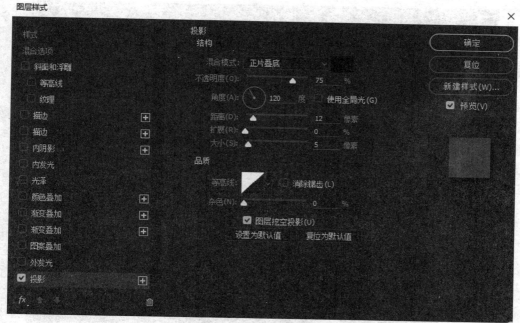

图 6-11 投影面板

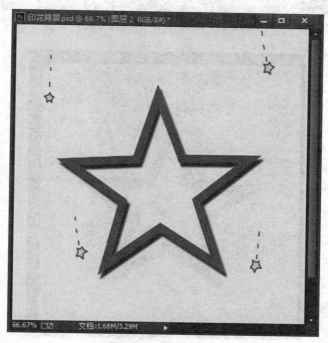

图 6-12 投影效果图

（2）添加内阴影效果。在"图层样式"对话框中勾选"内阴影"选项，在弹出的对话框中设置各项参数，如图 6-13 所示。

设置完成后，单击"确定"按钮，添加内阴影后的效果如图 6-14 所示。

（3）添加外发光效果。在"图层样式"对话框中勾选"外发光"选项，在弹出的对话框中

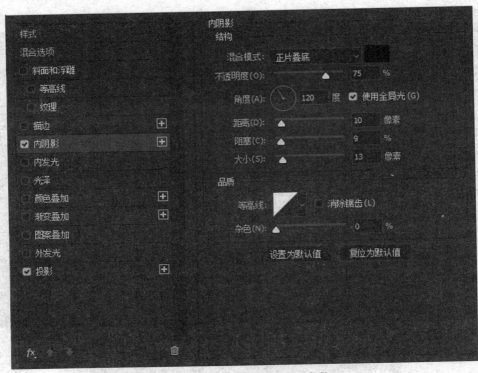

图 6-13　设置"内阴影"选项参数

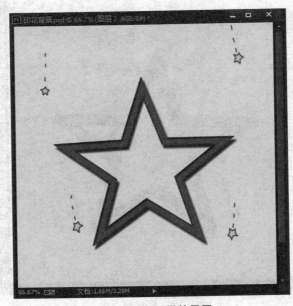

图 6-14　内阴影效果图

设置各项参数,如图 6-15 所示,效果如图 6-16 所示。

（4）添加内发光效果。在"图层样式"对话框中勾选"内发光"选项,在弹出的对话框中设置各项参数,如图 6-17 所示。

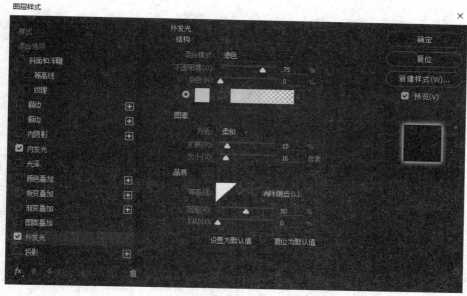

图 6-15　设置"外发光"选项参数

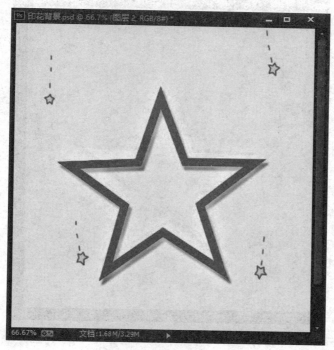

图 6-16　外发光效果图

单击"确定"按钮,添加"内发光"后的图像类似塑料质感,效果如图 6-18 所示。

(5)添加斜面与浮雕效果。在"图层样式"对话框中勾选"斜面和浮雕"选项,在弹出的对话框中设置各项参数,如图 6-19 所示。

单击"确定"按钮完成设置,效果如图 6-20 所示。

在"图层"面板中双击添加图层样式的图层,会弹出上一次的"图层样式"对话框,在"斜

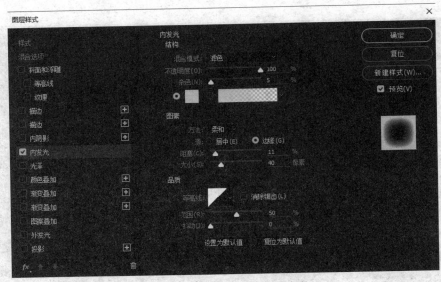

图 6-17　设置"内发光"选项参数

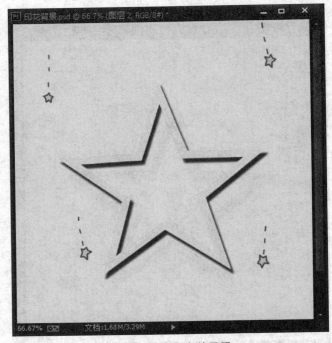

图 6-18　内发光效果图

面和浮雕"选项中单击"等高线"复选框并设置各项参数。

　　等高线：设置各种样式的等高线效果。

　　范围：设置等高线的影响范围。

　　设置完成后，单击"确定"按钮。

　　重新打开"斜面和浮雕"选项对话框，并在该对话框中单击"纹理"复选框，在弹出的对话框中设置各项参数。

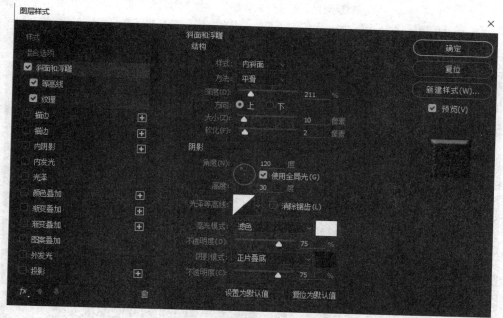

图 6-19　"斜面和浮雕"参数设置

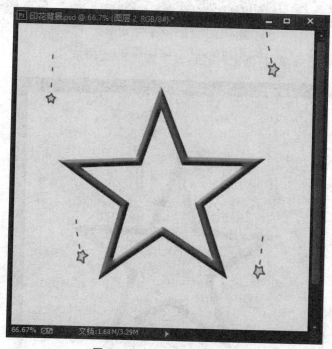

图 6-20　斜面和浮雕效果图

图案：设置添加纹理图案。

缩放：控制所选图案的缩放比例。

深度：控制添加图案的浮雕深度。

最后，设置完成后单击"确定"按钮，就添加了纹理效果。

（6）添加光泽效果。取消添加的"斜面和浮雕"，在"图层样式"对话框中单击"光泽"按钮，如图 6-21 所示。

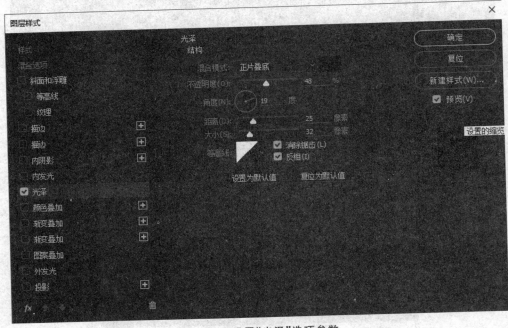

图 6-21　设置"光泽"选项参数

设置光泽效果参数并单击"确定"按钮，效果如图 6-22 所示。

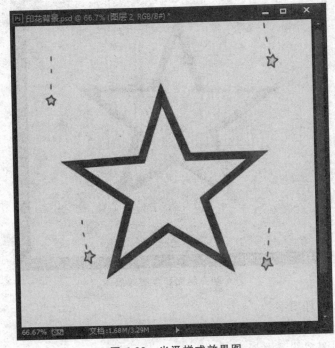

图 6-22　光泽样式效果图

（7）颜色叠加效果。取消添加的光泽效果，在"图层样式"对话框中单击"颜色叠加"选项并设置各项参数，如图 6-23 所示。

在此选项框中设置"混合模式"和"不透明度"，确认后的图像颜色叠加效果如图 6-24 所示。

图 6-23 "颜色叠加"参数设置   图 6-24 颜色叠加效果图

在"图层样式"对话框中取消"颜色叠加"，单击"渐变叠加"选项并设置其中的参数，如图 6-25 所示。

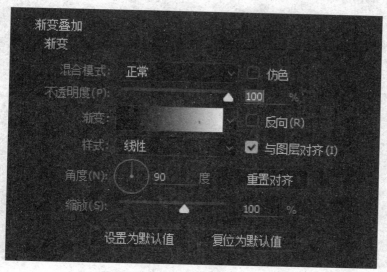

图 6-25 设置"渐变叠加"选项参数

设置完成后单击对话框中的"确定"按钮，添加的渐变叠加效果如图 6-26 所示。

在"图层样式"对话框中取消"渐变叠加效果"，再单击"图案叠加"选项并设置其中的各项参数，如图 6-27 所示。

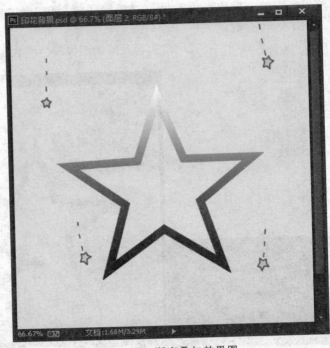

图 6-26　渐变叠加效果图

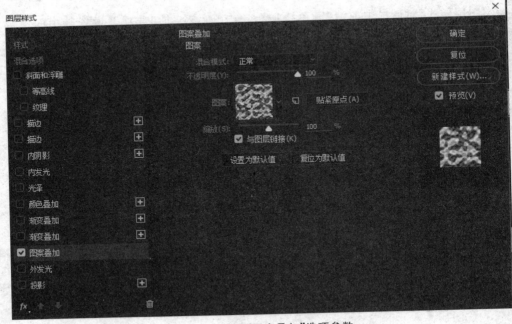

图 6-27　设置"图案叠加"选项参数

在"图案选项"中选择我们前面定义的图案,确定后的图案叠加效果如图 6-28 所示。

(8)添加描边效果。取消"图案叠加"效果,单击"描边"选项并设置其中各项参数,如图 6-29 所示。

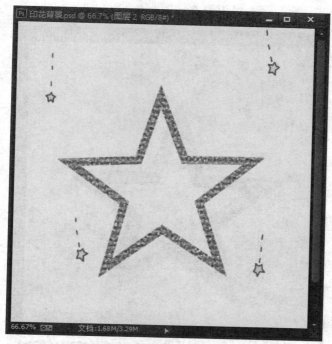

图 6-28 图案叠加效果图

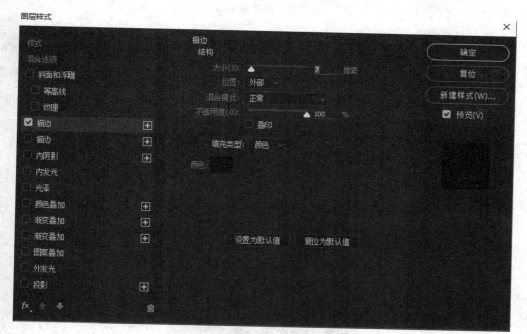

图 6-29 设置"描边"选项参数

大小：设置描绘的边缘的宽度。

位置：设置描边的位置。

填充类型：在此下拉列表中可以选择填充的方式，包括"颜色""渐变""图案"三个选项。

单击对话框中的"确定"按钮,描边的效果如图 6-30 所示。

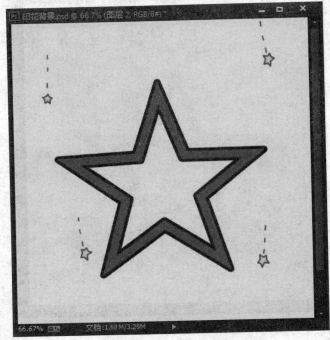

图 6-30　描边效果图

2）管理图层样式

图层样式添加后,图层面板添加样式的图层后面就会带有一个图标 fx,单击其右侧的小箭头,会弹出该图层曾经添加过的图层样式列表。如果前面有图标 👁,说明这是当前图层应用的图层样式,如图 6-31 所示。

图 6-31　查看图层样式

图层样式由一个或多个图层效果组成,可以在任意图层中(背景层除外)应用图层样式,也可以将这些图层样式复制并粘贴到其他图层中进行应用,而不需要重新设置。我们还可以随时清除这些图层样式,也可以将这些图层样式转换为普通图层。

（1）复制样式。使用"横排文字工具",在"红星.jpg"两侧分别输入红色"2022"和"北京"文字,如图 6-32 所示。

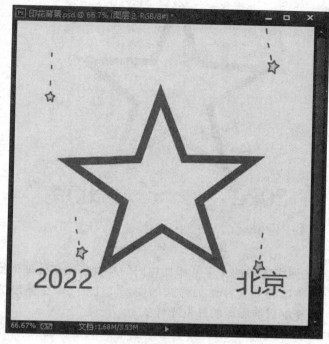

图 6-32　效果图

在"图层"面板中选中图层 1,如图 6-33 所示。

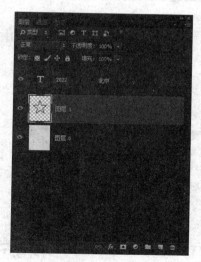

图 6-33　选中图层 1

单击"图层"面板下方的"图层样式按钮" ，在弹出的下拉菜单中选择"外发光"选项并设置各项参数,确定后出现外发光的效果,如图 6-34 所示。

图 6-34 外发光效果图

如果将该图像中的两个图层的文字都添加相同的外发光样式该如何操作呢？

在"图层"面板中，将鼠标放置在添加样式的图层 1 上右击，在弹出的快捷菜单中选择"拷贝图层样式"命令，复制当前添加的外发光样式。

将鼠标放置在"图层"面板中"2022"文字图层上单击鼠标右键，在弹出的下拉菜单中选择"粘贴图层样式"命令，"2022"文字图层会添加相同的外发光效果，如图 6-35 所示。

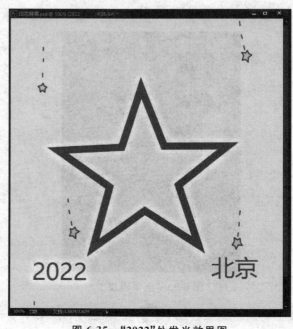

图 6-35 "2022"外发光效果图

同样方法在"北京"文字层上单击鼠标右键,在弹出的下拉菜单中选择"粘贴图层样式"命令,"北京"文字也会添加相同的外发光效果,这也是一种非常简单的外发光文字制作方法,效果如图 6-36 所示。

如果要对多个图层添加相同的图层样式,依照上述的方法显然效率不高,可以在"图层"面板中,按下 Ctrl 键的同时单击要添加样式的图层,先将它们全部选择,如图 6-37 所示。

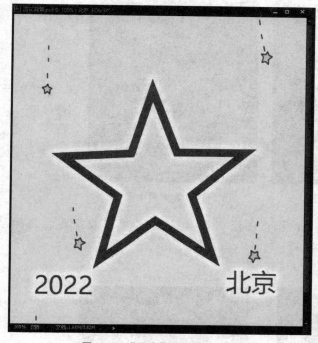

图 6-36　"北京"外发光效果图

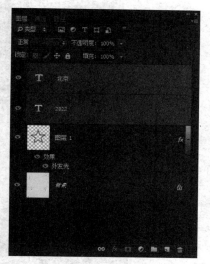

图 6-37　选择多个图层

之后,将鼠标放置在图层上右击,在弹出的下拉菜单中选择"粘贴图层样式"命令,此时选择的图层都会同时添加图层样式,这就大大提高了外发光文字的处理速度,也将得到如图 6-36 所示的效果。

(2) 清除或转换样式。如果要清除添加的图层样式,方法也非常简单。首先在"图层"面板中选择该图层,然后在该图层上右击,在弹出的快捷菜单中选择"清除图层样式"命令即可。

在图像处理过程中,如果多个图层的图层样式中都勾选了"使用全局光"复选框,那么在改变其中的一个图层样式时,其他图层的样式光线也会发生变化。在这种情况下,可以把不再需要修改的图层样式转换为普通图层。以转换"北京"文字图层为例,看看如何将图层样式转换为普通图层。

在"图层"面板中,先选择"北京"文字层,然后在其上方新建一个普通"图层 2",如图 6-38 所示。

依照前面讲述的方法,将"北京"文字层和"图层 2"全部选择,如图 6-39 所示。

接下来,按下 Ctrl+E 快捷键将选择的图层合并,此时"北京"文字添加的样式依然保留,该层中图标 fx 消失,以上是添加样式图层转换为普通图层的操作。转换后的图层效果如图 6-40 所示。

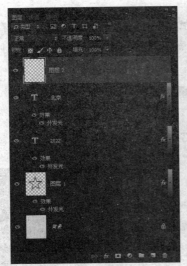 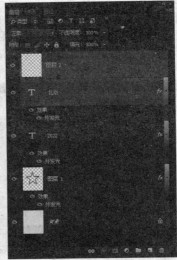

图 6-38　新建图层 2　　　　图 6-39　选中两个图层

（3）快速更改名称。打开"图层"面板，在图层名称上双击，即可修改想要的名称，如图 6-41所示。

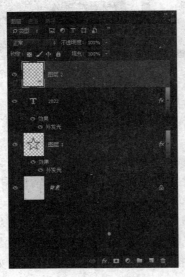 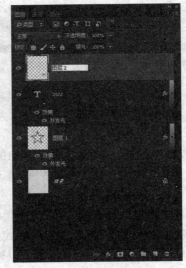

图 6-40　转化图层　　　　图 6-41　更改图层名称

（4）最终效果图如图 6-42 所示。

图 6-42

任务实施

（1）打开素材"牵手.jpg"图像文件，如图 6-43 所示。

图 6-43 "牵手.jpg"图像

（2）设置新图层属性。快速双击"图层"面板中的"背景"图层，在弹出的"新建图层"对话框中设置各个选项参数，如图 6-44 所示。

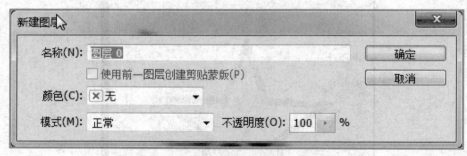

图 6-44　设置新图层参数

单击对话框中的"确定"按钮，将背景图层转换为"图层 0"。

（3）设置工具属性，选择"自定形状工具"，在工具属性栏中的"形状"图案选项框中选择心型形状，其他选项设置如图 6-45 所示。

图 6-45　"自定形状工具"属性栏

（4）绘制工作路径。将鼠标放置在图像中，按下 Shift 键的同时拖拽鼠标，创建一个心型形状的工作路径，如图 6-46 所示。

图 6-46　绘制的工作路径

（5）转换选区并删除图像。按下 Ctrl＋Enter 组合键，快速将工作路径转换为选区。按下 Ctrl＋Shift＋I 组合键，再将选区反向选择，然后按下 Delete 键，删除选区内的图像，此时图像效果如图 6-47 所示。

图 6-47 转换选区并删除图像效果

（6）反选选区并新建图层。按下 Ctrl＋Shift＋I 组合键，将选区反选并新建"图层 1"。

（7）设置描边选项。执行菜单栏中的"编辑"/"描边"命令，在弹出的"描边"对话框中设置各项参数，如图 6-48 所示。

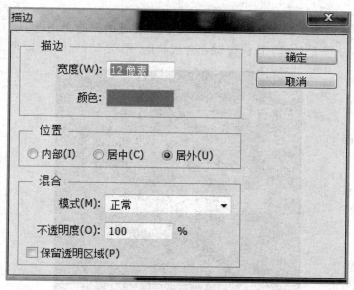

图 6-48 "描边"对话框

（8）确认描边操作。单击"确定"按钮，确定描边操作，取消选区，图像被描上具有装饰意义的深粉色边框,效果如图 6-49 所示。

图 6-49 描边后的图像效果

(9) 设置前景色、背景色。设置前景色为深粉色(R:255,G:104,B:127),背景色为淡黄色(R:243,G:252,B:172)。

作为个性书签,单纯的描边效果显得过于单调,下面我们对描边的边框执行一个滤镜命令,显示斑点效果。

(10) 选择合并图层。在"图层"面板中,按下 Ctrl 键的同时单击"图层 0",同时选择"图层 1"与"图层 0",并按下 Ctrl+E 快捷键合并成新的"图层 1",如图 6-50 所示。

图 6-50 合并图层

(11) 将新建图层转换成背景图层。新建"图层 2",执行菜单栏中的"图层"/"新建"/"图层背景"命令,此时的"图层 2"不但被转换成背景图层,而且还自动填充了工具箱的背景色。图层转换后的图像效果及图层显示如图 6-51 所示。

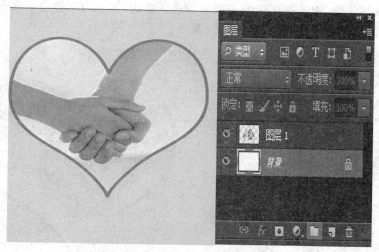

图 6-51　图层转换后的图像效果及图层显示

(12) 快速选择图层。将鼠标放置在"牵手"图像上单击,在弹出的快捷菜单中选择"图层 1"。

(13) 设置投影选项。单击"图层"面板下方的按钮 ,在弹出的下拉菜单中选择"投影"选项,并设置各项参数,如图 6-52 所示。

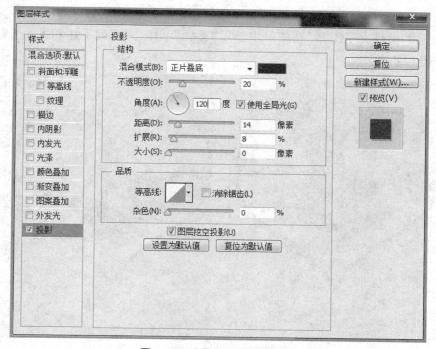

图 6-52　设置"投影"选项参数

(14) 确认添加的投影效果。单击"确定"按钮,确认添加的投影效果。添加投影后的书签有了一定的厚重感,效果如图 6-53 所示。

(15) 为书签打孔。运用"椭圆选框工具"在书签右上方创建一个羽化值为 0 像素的正圆选区,按下 Delete 键,删除选区内的图像并为选区描边,颜色与书签边框颜色相同,描边宽度为 6 像素。取消选区,描边效果如图 6-54 所示。

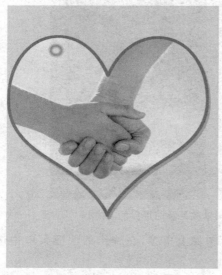

图 6-53　添加投影后的效果　　　　　　　图 6-54　书签的打孔效果

(16) 绘制书签连线。设置前景色为红色(R:216,G:59,B:33),运用我们前面学过的"画笔工具",设置合适的画笔大小,在图像中绘制红色的书签连线,效果如图 6-55 所示。

(17) 使用"横排文字工具"在图像中输入"温暖"字样,文字的字体和大小可以自行定义,效果如图 6-56 所示。

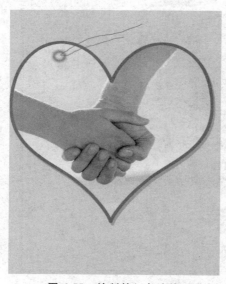

图 6-55　绘制的红色连线　　　　　　　　图 6-56　输入的文字效果

（18）把鼠标放置在"图层"面板的文字图层上右击，在弹出的快捷菜单中选择"栅格化文字"命令，将文字图层转换成普通图层，为下一步的描边作准备。

（19）依照（7）的操作，为输入的文字描边，文字描边效果及描边选项设置宽度为 3 像素，如图 6-57 所示。

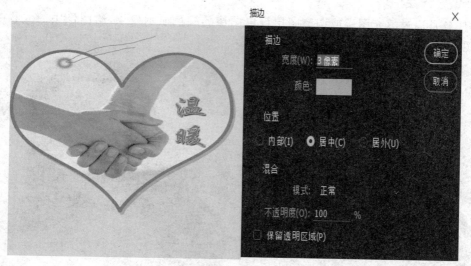

图 6-57　文字描边效果及描边选项设置

（20）为文字添加投影。依照（13）和（14）的操作，同样为文字添加投影效果（其中的参数可以根据画面需要自行设置），使其与整个画面构图相协调。至此书签绘制工作完成，最终效果如图 6-58 所示。

图 6-58　书签最终效果

（21）保存文件。按下 Ctrl＋Shift＋S 组合键，将该文件另存为"牵手书签.psd"。

任务2   为图像人物美化双唇

▏任务分析▏

本任务是通过填充图层或调整图层设置图像的颜色显示效果,给图像中的人物嘴唇上色,如图 6-59 所示。

图 6-59   图像嘴唇部分颜色调整对比图

▏任务知识▏

色彩调整是图像设计的重要部分,Photoshop CC 为用户提供了强大的色彩调整功能。调整图层就是一种很好的调整色彩的工具,调整图层将图层操作、调整操作和蒙版操作三者完美地结合在一起。图层的调整共有两类,分别是"填充图层"和"调整图层"。

该"创建新的填充或调整图层"按钮  位于"图层"面板下方快捷按钮的第 4 个,单击按钮会弹出一个菜单,如图 6-60 所示。

1. 填充图层

填充图层包括"纯色""渐变"和"图案"三种类型,每一种填充图层都自带一个蒙版,在蒙版上可以通过再次绘制和编辑来调整图层的效果。打开素材图片,如图 6-61 所示。

1)"纯色"选项

"纯色"调整就是在当前图层上添加一个和图像大小相

图 6-60   "添加填充图层或
调整图层"按钮

图 6-61 素材图片

同的纯色调整图层。当选择这个选项时,会弹出一个"拾色器"对话框,在里面选择个人需要的颜色后单击"确定"按钮。之后就会在当前选择图层上方新建一个色彩填充调整图层,得到的图像效果如图 6-62 所示。

图 6-62 新建色彩填充图层

2)"渐变"选项

"渐变"调整是在当前图层上添加一个和图像大小相同的渐变调整图层。当选择此选项时,会弹出一个"渐变填充"对话框,在对话框内选择需要的渐变模式,如图 6-63 所示。设置完毕后单击"确定"按钮,就会在当前所选图层上方生成一个渐变填充调整图层,"图层"调整如图 6-64 所示,经过渐变调整后得到的图像效果如图 6-65 所示。

图 6-63　设置渐变填充图层

图 6-64　"图层"面板调整

图 6-65　渐变填充效果

3)"图案"选项

"图案"调整与"渐变"调整类似,应用后也会在当前图层添加一个和图像大小相同的图案调整图层。当选择此选项时,会弹出一个"图案填充"对话框,在对话框内选择图案填充模式,如图 6-66 所示。设置完毕后单击"确定"按钮。之后会在当前选择图层上方生成一个图案填充调整图层,"图层"面板如图 6-66 所示,得到的图像效果如图 6-67 所示。

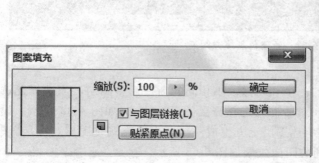

图 6-66　设置图案填充图层

图 6-67　图案填充效果

2. 调整图层

调整图层对于图像的色彩调整非常有帮助。在创建的调整图层中进行各种颜色调整，效果与对图像执行色彩调整命令不同。并且在完成色彩调整后，还可以随时修改及调整，而不用担心会损坏原来的图像。调整图层除了可以用于调整色彩之外，还具有图层的很多功能，如调整不透明度、设定不同的混合模式等，并可以通过修改图层蒙版达到特殊效果。

调整图层的创建方法与创建填充图层的方法相似，可使用"图层"菜单命令或"图层"面板的创建按钮来创建新的调整图层，每个调整图层都自带一个蒙版。

1）"色阶"选项

"色阶"调整是通过"色阶"面板的"通道"选项栏对复合通道或者单色通道分别进行调整。

当选择"色阶"选项时，会弹出如图 6-68 所示面板。色阶图像是根据图像中的每个亮度值（0～255）的像素点的多少进行区分的。对话框右侧的白色三角滑块调节图像高光区域，左侧的黑色三角滑块调节图像暗调，中间的灰色三角滑块则调节图像的中间调。

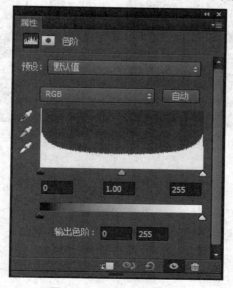

图 6-68　设置"色阶"参数

例如,当打开素材图片"唐老鸭.jpg"。单击"图层"面板下的按钮 ⊘,在弹出的快捷菜单中选择"色阶"命令,对图像进行调整,设置如图 6-69 所示,设置完毕后单击"确定"按钮。此时,会在当前选择图层上方生成一个色阶调整图层,如图 6-70 所示,得到的图像效果如图 6-71 所示。

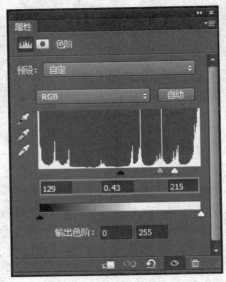

图 6-69　调整"色阶"参数

图 6-70　色阶调整图层

图 6-71　图像效果图

2)"曲线"选项

"曲线"调整是在当前图层上添加一个曲线调整图层,选择"曲线"选项,会打开"曲线"面板,曲线图中的曲线处于"直线"状态,如图 6-72 所示。

曲线图有水平轴和垂直轴,水平轴表示图像原来的亮度值;垂直轴表示新的亮度值,水平轴和垂直轴之间的关系可以通过调节对角线曲线来控制。用鼠标在曲线上单击,就可以增加调节点,利用调节点可以控制对角线的和中间部分,向下移动调节点,图像则变暗;向上移动调节点,会使图像变亮。

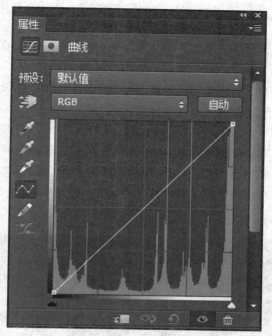

图 6-72 曲线图的"直线"状态

3）"亮度/对比度"选项

"亮度/对比度"调整是在当前图层上添加一个"亮度/对比度"调整图层。当选择此选项时，会弹出一个"亮度/对比度"面板，如图 6-73 所示。

"亮度/对比度"的参数调节图像的亮度和对比度，利用它可以对图像的色调范围进行简单调节。

4）"色相/饱和度"选项

"色相/饱和度"调整是在当前图层上添加一个"色相/饱和度"调整图层。当选择此选项时，会打开"色相/饱和度"面板，如图 6-74 所示。

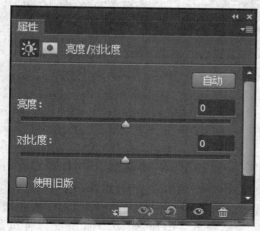

图 6-73 设置"亮度/对比度"参数

图 6-74 设置"色相/饱和度"参数

"色相/饱和度"可以调整图像中单个颜色成分的色相、饱和度和明度。

5)"黑白"选项

"黑白"调整是在当前图层上添加一个"黑白"调整图层。当选择此选项时,会打开"黑白"面板,如图 6-75 所示。

"黑白"调整是针对单个的色彩通道进行调整,能够调整单一色彩通道在图片中的比例,可以更好地控制图片的色彩调整。

6)"可选颜色"选项

"可选颜色"选项多用于校正颜色和调整颜色的不平衡问题。不过,其重点用于调整印刷颜色的增减,"可选颜色"实际上是通过控制原色中的各种印刷油墨的数量来实现效果的,所以可以在不影响其他原色的情况下修改图像中某种原色中印刷色的数量。

当选择此选项时,会打开"可选颜色"面板,如图 6-76 所示。

图 6-75　设置"黑白"参数

图 6-76　设置"可选颜色"参数

各参数的设置方法如下。

(1)首先在"颜色"选项栏中选择需要调整的颜色,然后在对话框底部的"方法"选项中任选一种。

(2)"方法"部分包括两个选项:"相对"和"绝对"。选择"相对"单选按钮时,按照总量的百分比更改现有的青色、洋红、黄色和黑色量。例如,图像中现有 50% 的青色。如果增加了 30%,那么相对于原有的 50% 来说,实际增加了 15%(50% 和 30% 相乘的结果,表示青色增加到了 65%)。选择"绝对"单选按钮时,按绝对值调整颜色。例如,图像中现有 50% 青色,如果增加了 30%,那么增加后图像中将会有 80% 的青色(两者相加)。

（3）最后，在弹出的对话框中拖动三角形滑块增加或减少所选颜色的成分，对图像进行调整，设置完毕后，则会在当前选择图层上方出现一个"可选颜色"调整图层。

7）"通道混合器"选项

当选择此选项时，会打开"通道混合器"面板，如图 6-77 所示。首先在"输出通道"选项栏中选择进行混合的通道，然后在"源通道"部分调整某个通道的三角形滑块，三角滑块向左移动，可减少源通道在输出通道中所占的百分比，向右拖动则增加百分比。

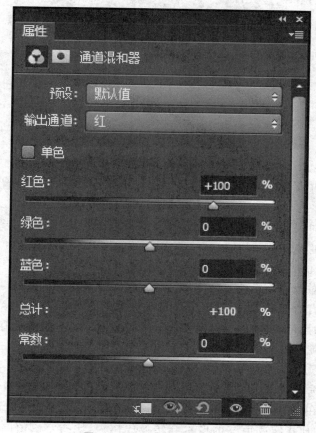

图 6-77 "通道混合器"面板

"通道混合器"命令可将当前颜色通道中的像素与其他颜色通道中的像素按一定比例进行混合，利用它可以进行创造性的颜色调整，创建高品质的灰度图像，创建高品质的深棕色或其他色调的图像。

8）"渐变映射"选项

当选择此选项时，会弹出一个"渐变映射"面板，如图 6-78 所示。设置完毕后，则会在当前选择图层上方出现一个渐变映射调整图层。

"渐变映射"调整可将图像的灰度范围映射到指定的渐变填充色，加入指定的双色渐变，图像中的暗调映射到渐变填充的一个端点颜色，高光映射到另一个端点颜色，中间调整映射到两个端点间的层次。

9）"照片滤镜"选项

照片滤镜调整实际上在充当一个模拟光学滤镜特效的作用，以调整图像的色调，调节选

图 6-78　设置"渐变映射"参数

项本身带有已设置好的预置照片滤镜,也可以根据不同的需要,自己设置滤镜的颜色及滤镜颜色的浓淡。

当选择此选项时,打开"照片滤镜"面板,对图像进行调整,设置完毕后在当前选择图层上方出现一个照片滤镜调整图层。

10)"反相"选项

"反相"选项能对图像色彩进行反相,运用它可以将图像转化为阴片,或将阴片转化为图像。"反相"选项没有对话框,执行时通道中每个像素的亮度值会被直接转换为颜色刻度上反相的值:白色变为黑色,其他的中间像素值取其对应值(255－原像素值＝新像素值)。

应用此命令后就会在当前选择图层上方出现一个"反相"调整图层。

11)"阈值"选项

阈值命令能把彩色或灰阶图像转换为高对比度的黑白图像。

"阈值"调整是在当前图层上添加一个阈值调整图层,可以指定一定色阶作为阈值,然后进行应用,此图像中比指定阈值亮的像素会转换成白色,比指定阈值暗的像素会转换成黑色。当选择此选项时,打开"阈值"面板,其中的直方图显示当前选区中像素亮度级别,拖动直方图下的三角形滑块到适当位置,也可以直接在数据文本框中输入数值。如图 6-79 所示。

12)"曝光度"选项

"曝光度"面板如图 6-80 所示。"曝光度"用于调整图像中高光部分的亮度;"位移"用于调整图像中的中间及暗部的亮度;"灰度系数校正"则是对整个图像的亮度进行调整。

13)"色调分离"选项

"色调分离"调整的作用是指定图像每个通道亮度值的数目,并将指定亮度的像素映射为最接近的匹配色调。应用后在当前图层上添加一个色调分离调整图层。当选择此选项时,会打开"色调分离"面板,如图 6-81 所示。

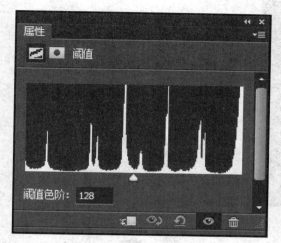

图 6-79　设置"阈值"参数

图 6-80　设置"曝光度"参数

图 6-81　设置"色调分离"参数

在"色调分离"数值框中输入色阶数。利用此命令，可以制作比较大的单调区域，也可以制作一些特殊效果。

任务实施

（1）在 Photoshop 软件中打开素材文件"女神.jpg"。

（2）将前景色设为（R:248,G:77,B:159）。单击"图层"面板底部的创建新图层按钮 ，新建"图层 1"按下 Alt＋Delete 快捷键填充前景色，"图层"面板如图 6-82 所示。

（3）使用"钢笔工具"画出唇部。切换到"路径"面板，选择"路径 1"，单击"路径"面板下的载入按钮 ，将路径转换为选区，执行菜单栏中的"选择"/"修改"/"羽化"命令，在弹出的"羽化"对话框内设置羽化半径为 2 像素，羽化后的选区如图 6-83 所示。

图 6-82　新建图层　　　　　　　　　　图 6-83　羽化后的选区

（4）切换至"图层"面板，选择"图层 1"，单击添加图层蒙版按钮 ，并将添加蒙版后图层的混合模式设置为"叠加"，"图层"面板如图 6-84 所示，得到的图像效果如图 6-85 所示。

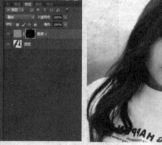

图 6-84　设置"图层"参数　　　　　　　　图 6-85　叠加后效果图

（5）选择"背景"图层，单击"创建新的填充或调整图层"按钮 ，在弹出的下拉菜单中选择"渐变映射"选项，在"渐变映射"面板中设置具体参数，如图 6-86 所示，设置完毕后，得到的图像效果如图 6-87 所示。

图 6-86　弹出对话框参数　　　　　　　　图 6-87　渐变映射后效果图

　　(6) 按下 Ctrl 键单击"图层"面板下"图层 1"蒙版的缩略图以调出其选区,如图 6-88 所示。再执行菜单栏中的"选择"/"反向"命令得到的选区如图 6-89 所示。

图 6-88　蒙版的缩略图选区

图 6-89　"反向"得到的选区

　　(7) 选择"渐变映射"调整图层,单击创建新的填充或调整图层的快捷按钮 。将前景色设置为黑色,按下 Alt+Delete 快捷键用前景色填充选区,按下 Ctrl+D 快捷键取消选择区域,"图层"面板参数和图像效果如图 6-90 和图 6-91 所示。

图 6-90　设置"图层"参数

图 6-91　图像最终效果图

任务3　利用通道美白肌肤

│任务分析│

　　本任务主要练习的知识和技能为通道的灵活应用,如图 6-92 所示,利用通道可以美白肌肤。

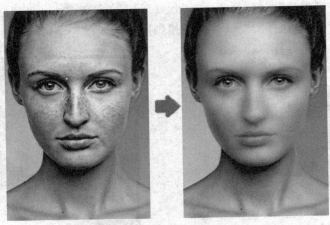

图 6-92　肌肤美白前后对照图

| 任务知识 |

1. 什么是通道

"通道"是独立的平面原色图像——颜色通道。除此之外,在 Photoshop CC 中还有一个特殊的通道——Alpha 通道。在进行图片编绘时,单独创建的新通道称为 Alpha 通道。在 Alpha 通道中,存储的不是颜色通道中的色彩信息,而是选定的区域。运用 Alpha 通道,可以制作出许多特殊效果。

2. 通道的种类及功能

1) 通道的种类

当用户在 Photoshop CC 中进行了某一项操作后。Photoshop CC 都会提供某一种操作,使用户可以及时保存自己的操作效果。例如,当用户创建一个选区之后,如果不对其进行下一步操作,那么在下一个操作过程中原来的选区就会消失,但是运用"通道"面板,用户就可以轻松地将选区保存起来,以便日后再次调用。在通道中,还记录了图像的大部分(甚至全部分)信息,这些信息从始至终与当前操作密切相关。通道作为图像的组成部分,是与图像的格式密不可分的,图像颜色、格式的不同决定了通道的数量和模式,在"通道"面板中都可以直观地看到。Photoshop CC 中包含的通道主要有以下几种。

(1) 复合通道不包含任何信息,实际上它只是同时预览并编辑所有颜色通道的一个快捷方式。它通常被用来在单独编辑完一个或多个颜色通道后使"通道"面板返回到它的默认状态。对于不同模式的图像,其通道的数量是不一样的。在 Photoshop CC 之中,通道涉及三个模式。对于一个 RGB 图像,有 RGB、R、G、B 四个通道;对于一个 CMYK 图像,有 CMYK、C、M、Y、K 五个通道;对于一个 Lab 模式的图像,有 Lab、L、a、b 四个通道。

(2) 在 Photoshop CC 中编辑图像时,实际上就是在编辑颜色通道。这些通道把图像分解成一个或多个色彩成分,图像的模式决定了颜色通道的数量,RGB 模式有三个颜色通道,CMYK 图像有四个颜色通道,灰度图只有一个颜色通道,它们包含了所有将被打印或显示的颜色。

（3）专色通道是一种特殊的颜色通道，它可以使用除了青色、洋红（或叫品红）、黄色、黑色以外的颜色来绘制图像。因为专色通道一般人用得较少且多与打印相关，所以把这部分内容放在后面的内容中讲述。

（4）Alpha 通道是计算机图形学中的术语，指的是特别的通道。有时，它特指透明信息，但通常的意思是"非彩色"通道，这是我们真正需要了解的通道，可以说我们在 Photoshop CC 中制作出的各种特殊效果都离不开 Alpha 通道，它最基本的用处在于保存选取范围，并不会影响图像的显示和印刷效果。当图像输出到视频，Alpha 通道也可以用来决定显示区域。

（5）单色通道的产生比较特别，也可以说是非正常的。试一下，如果你在通道面板中随便删除其中一个通道，就会发现所有的通道都变成"黑白"的，原有的彩色通道即使不删除也变成灰度的了。

2）通道的功能

下面，运用 Alpha 通道制作一个简单的立体图形效果。

（1）打开"鲜花.jpg"图片，如图 6-93 所示。按 Ctrl＋A 快捷键，将图像全部选择，按下 F3 键，复制选区内的图像。

（2）执行菜单栏中的"窗口"/"通道"命令，显示"通道"面板，并单击其下方的新建按钮，新建"Alpha 1"通道，如图 6-94 所示。

图 6-93　鲜花图片

图 6-94　新建通道

（3）按下 F4 键，将复制的图像粘贴到新建的通道中，粘贴后的图像效果及"通道"面板显示如图 6-95 所示。

图 6-95　复制图像到新建通道及"通道"面板

（4）单击"通道"面板中的 RGB 通道，图像又返回到 RGB 显示状态，此时的图像与刚刚打开时的状态并没有什么变化，如图 6-96 所示。

图 6-96　返回 RGB 显示状态

（5）执行菜单栏中的"滤镜"/"渲染"/"光照效果"命令，在"光照设置"面板中设置各项参数，如图 6-97 所示。

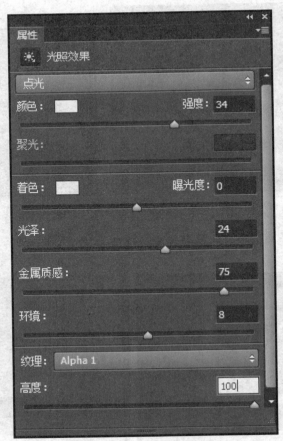

图 6-97　设置"光照效果"参数

（6）这里最关键的设置是"纹理通道"的"Alpha1"，单击"确定"按钮，图像出现立体浮雕效果，如图 6-98 所示。

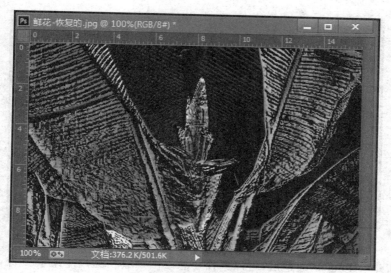

图 6-98 立体浮雕效果图

（7）取消选区，按下 Ctrl＋Shift＋S 组合键，现在，可以将该文件另存为"浮雕画.psd"图像文件。

3. 编辑的通道

（1）打开"鲜花.jpg"图像文件。执行菜单栏中的"窗口"/"通道"命令，可以显示"通道"面板，如图 6-99 所示。

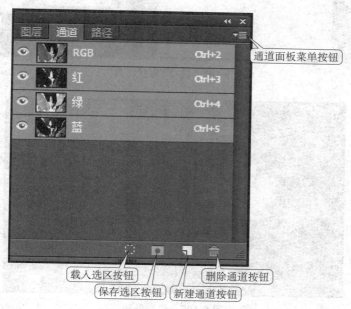

图 6-99 "通道"面板

（2）单击"通道"面板中的新建按钮，新建"Alpha 1"通道。在默认状态下，以黑色填充新建的通道，如图6-100所示。

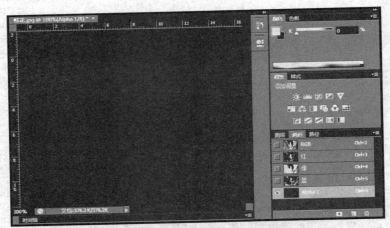

图6-100　新建通道

（3）在新建"Alpha 1"通道后，可以选择任意绘图工具在通道中绘制图像，这里选择"形状工具"，如图6-101所示，绘制叶子效果如图6-102所示。

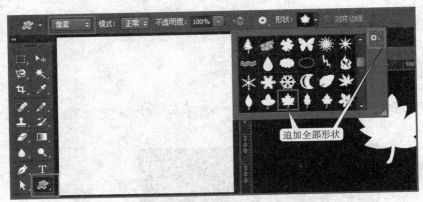

图6-101　选择"形状工具"

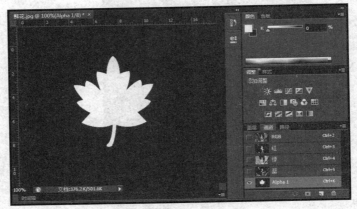

图6-102　绘制叶子

单击"通道"面板下方的按钮，又可以将选区保存在另一个"Alpha 1"通道中，如图 6-103 所示。

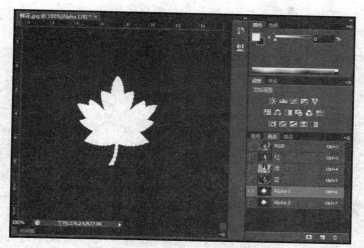

图 6-103　将选区保存在通道中

选区一旦被保存在通道中，就可以大胆地编辑或取消了。需要时只要单击按钮，就可将保存在通道的选区载入到图像中。

单击"通道"面板下方的按钮，可以删除当前选择的通道，或者把要删除的通道直接拖拽到删除按钮上，还可以执行"通道"面板菜单中的"删除通道"命令。

在"通道"面板中，如果把当前通道拖拽至新建按钮上，可以创建该通道的副本，如同复制图层一样。复制后的通道显示状态如图 6-104 所示。

图 6-104　复制通道

4. 分离与合并通道

通道的分离和合并正好是两个逆向操作，"分离通道"是将一幅彩色的图像分离成与其通道数相同的灰度图像。"合并通道"是将分离后的灰度图像再进行合并。

　　打开"鲜花.jpg"图像文件。从"鲜花"图像显示的"通道"面板可以看出,这幅图像共包含"红""绿""蓝"三个单色通道,当单击其中的任意一个颜色通道时,其他的通道都会自动隐藏,图像也会以不同的明暗效果显现,这就是单色通道。例如,单击"红"通道,此时图像显示效果如图6-105所示。

图6-105　"红"通道效果图

　　执行"通道"面板菜单中的"分离通道"命令,当前的"鲜花"图像将被分离成三个大小、分辨率都相同,明暗度不同的灰度图像,如图6-106所示。

(a) 原红色通道图像　　　　　(b) 原绿色通道图像　　　　　(c) 原蓝色通道图像

图6-106　"分离通道"后的图像显示

　　可以使用色彩调整命令或滤镜命令对每一幅图像单独进行处理。例如,执行菜单栏中的"滤镜"/"模糊"/"表面模糊"命令,对以上三幅图像进行同样的模糊处理,效果如图6-107所示。

(a) 原红色通道图像　　　　　(b) 原绿色通道图像　　　　　(c) 原蓝色通道图像

图6-107　模糊后的图像效果

随意选择一幅灰度图像,在其"通道"面板菜单中选择"合并通道"命令,弹出"合并通道"对话框。其中,"模式"用来设置通道合成后的图像色彩模式,"通道"用来指定合并通道的数量。单击对话框中的"确定"按钮,弹出"合并 RGB"对话框。

设置每一个单色通道的合成选项。单击"确定",通道表面基本无变化,只是表面模糊了许多。

| 任务实施 |

(1) 在 Photoshop 软件中打开素材文件"美白皮肤.jpg"。

(2) 按住 Ctrl 键单击"通道"面板上的"红"通道,将图像载入选区,此时可将图像中人物的头发及瞳孔之外的区域选取,如图 6-108 所示。

(3) 选择工具箱中的"魔术棒"工具,按住 Shift 键加选人物面部左侧未被选取的部分,如图 6-109 所示。

图 6-108　将图像载入选区

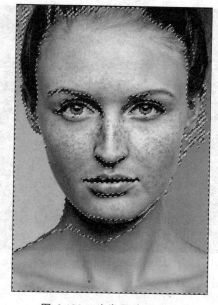
图 6-109　头发及瞳孔选区

(4) 返回到"图层"面板,执行菜单栏中的"图层"/"新建"/"通过拷贝的图层"命令,复制选区得到"图层 1",如图 6-110 所示。

(5) 选择"图层 1",执行"滤镜"/"模糊"/"高斯模糊"命令,在弹出的对话框中设置半径为 30 像素,完成后单击"确定"按钮,效果如图 6-111 所示。

(6) 选择"图层 1",单击"添加图层蒙版"按钮 ▣,再单击"画笔"工具,按下 D 键恢复前景色和背景色的默认设置,涂抹出人物五官。此时,"图层"面板如图 6-112 所示。最终效果如图 6-113 所示。

图 6-110　复制选区"图层 1"

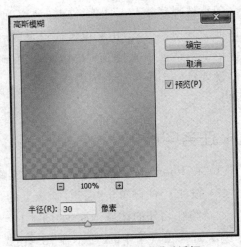

图 6-111　"高斯模糊"对话框

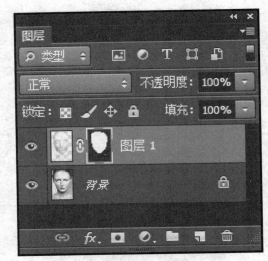

图 6-112　"图层"面板

图 6-113　图像最终效果图

|任务拓展|

利用通道抠图和为照片添加精美边框

1. 利用通道抠图

本任务要利用通道抠取图像中的人物,如果依照以往的图像选取方法来选择此图像中的头发将会比较麻烦,因为头发发梢比较细密,难于精确选择。本任务是使用一种新的图像选取方法——利用通道抠图。

(1) 打开图片素材"长发.jpg",如图 6-114 所示。在"图层"面板中,将"背景层"复制得到"背景副本",如图 6-115 所示。

图 6-114　素材图片

（2）显示"通道"面板，通过对比每一个单色通道的图像明暗度，可以看到只有红色通道中的图像明暗对比最为强烈，这样有利于图像的选取。将红色通道拖拽到新建按钮上，得到"红副本"，如图 6-115 所示。

图 6-115　"背景副本"

（3）执行菜单栏中的"图像"/"调整"/"色阶"命令或按下 Ctrl＋L 快捷键，在弹出的"色阶"对话框中设置各项参数，如图 6-116 所示。单击"确定"按钮，调整后的图像明暗对比更加强烈，效果如图 6-117 所示。

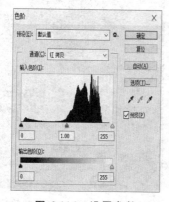

图 6-116　设置参数

图 6-117　调整后的效果

（4）设置前景色为黑色。选择"画笔工具"，设置合适的画笔大小，将图像中人物的脸部、颈部及肩部涂黑，为以后的选区创建做准备，涂抹后的效果如图 6-118 所示。

图 6-118　涂抹后的效果

图 6-119　反向后的图像效果

 注意：涂抹过程中可以适当地变换画笔的大小，这样可以提高涂抹的精确度。

（5）执行菜单栏中的"图像"/"调整"/"反相"命令或按下 Ctrl＋I 快捷键，将图像反相。检查图像是否全部涂抹，如果还有遗漏，可以再次进行涂抹。反相后的图像效果如图 6-119 所示。

（6）按下 Ctrl＋Shift＋I 快捷键，将图像反相。按下 Ctrl 键的同时，单击"红副本"，或单击"通道"面板下方的按钮，将"红副本"中的选区载入到图像中，效果如图 6-120 所示。

（7）单击"通道"面板中的 RGB 通道，返回到"图层"面板，此时图像中已经出现了我们载入的选区，如图 6-121 所示。按下 Ctrl＋Shift＋I 组合键，将选区反选即可得到我们想要的选区。

（8）打开图片素材文件"风景.jpg"，把选取的"长发"图像拖拽到该图像中，调整大小及位置，效果如图 6-122 所示。

图 6-120　载入选区

图 6-121　图像中的选区

图 6-122 效果图

最后,按下 Ctrl+Shift+S 组合键,将该文件另存为"江边美景.psd"。

以上这种利用通道的图像选取方法,常常用来选取线条多且复杂的图像,如人和动物的毛发等。

2. 为照片添加精美边框

通道与色彩、选区及图像绘制工具、滤镜等工具配合使用,经常可以制作出一些意想不到的特殊效果,本任务要利用通道和滤镜工具为照片添加精美边框,最终效果如图 6-123 所示。

图 6-123 素材图片

(1) 执行菜单栏中的"文件"/"打开"命令打开"梦幻.jpg"图像,如图 6-124 所示。

(2) 新建"图层 1"并向该图层中填充紫色(R:190,G:121,B:173)。

（3）单击"通道"面板下方的新建按钮，新建一个 Alpha 通道，如图 6-125 所示。

图 6-124　"梦幻.jpg"图片

图 6-125　新建"Alpha"通道

（4）选择"自定形状工具"，在其属性栏中的"形状"列表中选择图形，其他选项设置如图 6-126 所示。

图 6-126　"自定形状工具"属性栏

（5）设置完成后，在通道中绘制一个白色的不规则形状，如图 6-127 所示。

图 6-127　绘制一个白色不规则形状

（6）执行菜单栏中"滤镜"/"模糊"/"高斯模糊"命令，在弹出的对话框中设置各项参数，如图 6-128 所示。

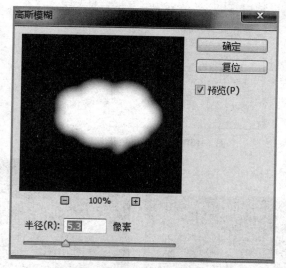

图 6-128　设置"高斯模糊"参数

（7）单击对话框中的"确定"按钮，模糊后的图像如图 6-129 所示。

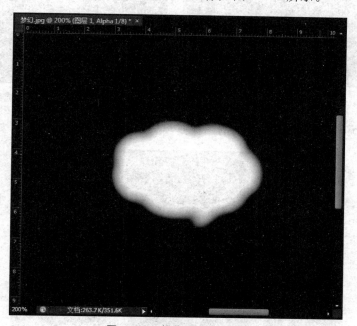

图 6-129　模糊后的效果图

（8）执行菜单栏中的"滤镜"/"像素化"/"彩色半调"命令，在弹出的对话框中设置各项参数，如图 6-130 所示。

（9）确定后，图像出现不同大小的圆点效果，如图 6-131 所示。

（10）单击"通道"面板中的 RGB 通道，返回到"图层"面板中。按下 Ctrl 键的同时单击"Alpha 1"通道，将该通道中的选区载入到"图层 1"中，效果如图 6-132 所示。

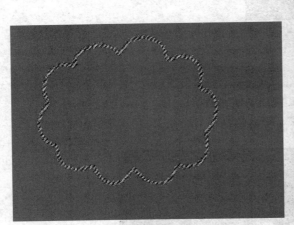

图 6-130 设置"彩色半调"参数

图 6-131 圆点效果图

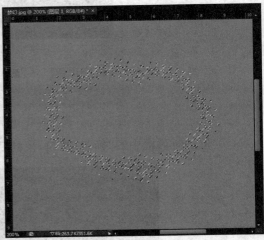

图 6-132 将通道中的选区载入图层

(11) 按下 Delete 键,删除选区内的图像露出背景图像,取消选区,效果如图 6-133 所示。

图 6-133 删除选区图像

(12) 在"图层"面板中设置该层混合模式为"颜色"方式,并为该层添加"斜面和浮雕"效果,其中的参数设置如图 6-134 所示。

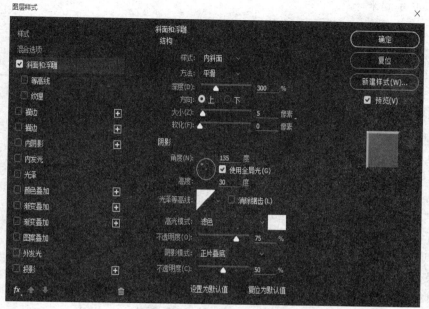

图 6-134 设置"斜面和浮雕"参数

(13)确定添加的"斜面和浮雕"样式,完成图像最终效果,如图 6-135 所示。按下 Ctrl+Shift+S 组合键,将该文件另存为"梦幻边框.psd"。

图 6-135 最终效果图

小 结

本项目首先介绍了图层的相关知识,图层是 Photoshop CC 中重要概念之一,是设计和制作图像的基础。还介绍了图层样式、填充图层、调整图层的创建和使用,以及通道的概念和作用,包括通道的基本操作及通道的实际运用。需要强调的是,单纯的通道操作是不可能对图像本身产生任何效果的,必须同其他工具结合,如选区和蒙版,所以在理解通道时最好与这些工具联系起来。

习　题

一、选择题

1. 下面(　　)类型的图层可以将图像自动对齐和分布。

A. 调节图层　　　　　B. 链接图层　　　　　C. 填充图层　　　　　D. 背景图层

2. 在 Photoshop CC 中 CMYK 图像默认有(　　)个颜色通道。

A. 1　　　　　　　　B. 2　　　　　　　　C. 3　　　　　　　　D. 4

3. 在"通道"面板中可以对通道进行(　　)操作。

A. 新建通道　　　　　B. 多通道　　　　　C. Alpha 通道　　　　D. 复制通道

4. 通道的主要用途是(　　)。

A. 保存颜色信息　　　B. 保存选区　　　　C. 保存蒙版　　　　D. 修饰图像

二、填空题

1. 在 RGB 模式的图案中加入一个新通道时,该通道是——Alpha _____。

2. 通道的编辑主要通过通道面板来完成,通道面板包括_____、_____、_____、_____和_____等。

三、判断题

1. JPG 格式是一种带压缩的文件格式。(　　)

2. 在 Photoshop CC 中只能使用"拾色器"设置前景色与背景色。(　　)

3. "通道"面板中可创建 Alpha 通道。(　　)

4. "通道"面板可用来存储选区。(　　)

5. "通道"面板可用来创建路径。(　　)

四、解答题

1. 图像像素及图像分辨率的含义。

2. 什么是通道?

3. 图层的类型有哪些? 其作用是什么?

五、上机练习

利用通道制作图像特效,如图 6-136 所示。

制作提示:本任务的核心知识和技能就是要熟练掌握通道的分离与合并,在"通道"面板中移动单色通道错位以得到色域交叉的特效。

参考步骤:

(1) 打开素材图像文件"精美海报 .jpg",如图 6-137 所示,切换到"通道"面板,选择工具箱中的"移动"工具 ,分别选择"红""绿"两个通道在图像中移动至相互交错的位置,如图 6-138和图 6-139 所示。

图 6-136　图像效果图

图 6-137　原图效果

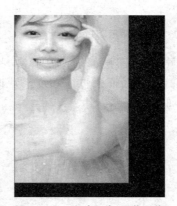

图 6-138　移动红色通道图像

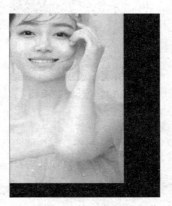

图 6-139　移动绿色通道图像

（2）切换至"图层"面板，将背景图层拖拽至"图层"面板下的创建新图层按钮 上，得到

"背景副本"图层，执行"滤镜"/"艺术效果"/"粗糙蜡笔"命令，在弹出的"粗糙蜡笔"对话框中进行参数设置，如图 6-140 所示。应用后的图像效果如图 6-141 所示。

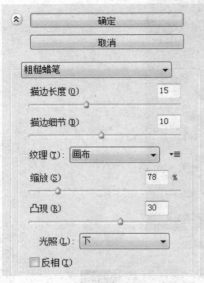

图 6-140 "粗糙蜡笔"对话框   图 6-141 粗糙蜡笔设置效果

(3) 调整"背景副本"图层的图像饱和度，执行"图像"/"调整"/"色相/饱和度"命令，在弹出的"色相/饱和度"对话框中将饱和度滑块向左拖动以降低图像的饱和度，至此，即可得到最终效果，如图 6-142 所示。

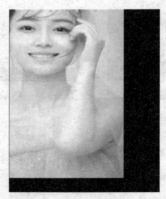

图 6-142 最终效果图

7 项目7
Chapter 7 蒙 版

>>> **学习目标**

1. 了解蒙版的概念。
2. 了解蒙版的作用与分类。
3. 学会图层蒙版的使用。
4. 学会矢量蒙版的使用。
5. 学会剪贴蒙版的使用。

　　蒙版是 Photoshop CC 平面设计中经常使用的工具,它可以简单有效地将图像设置为所需效果。蒙版一词来自人们的日常生活,通俗地讲,蒙版就是"蒙在某个图层上面的板子",Photoshop CC 使用蒙版就是对所约束的图像进行遮罩。在 Photoshop CC 中,蒙版主要分为图层蒙版、矢量蒙版和剪贴蒙版。熟练掌握和灵活的应用蒙版工具对平面作品进行设计加工,可以达到事半功倍的效果。当今,几乎所有 Phontoshop CC 图像制作设计师,无一例外的都是蒙版使用的高手。本项目分别介绍图层蒙版、矢量蒙版和剪贴蒙版的使用技巧。

任务1 利用图层蒙版制作社团纳新招贴

| 任务分析 |

　　本任务是由星空、舞者及文字区域组成,使用了 3 幅图像素材,如下图 7-1 所示。通过在星空中的舞者与文字提示号召人们加入社团。这幅招贴画面唯美,引人瞩目。图片中舞者和星空进行了叠加,使得舞者完全融入星空,若使用前面项目中介绍的工具将无法完成,特引出"图层蒙版"的使用。本任务主要使用图层蒙版实现预期图像效果,如图 7-2 所示。

文字.jpg

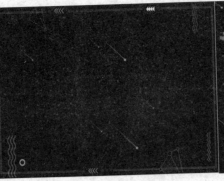
星空.jpg

舞者.jpg

图 7-1　图片素材文件

图 7-2　最终效果图

▎任务知识▏

▎1. 什么是图层蒙版

　　图层蒙版又叫像素蒙版,它是借助于黑白灰来控制图像显示和隐藏的一类功能超级强大的蒙版。图层蒙版在图层上面,起到遮盖图层的作用,然而其本身并不可见。

　　图层蒙版中,纯白色对应的图像区域是可见的,纯黑色对应的图像区域是被遮盖的,灰色区域会使图像呈现出一定程度的透明效果(灰色越深,图像越透明),如图 7-3 所示。

　　本任务中就是要利用蒙版实现图层从不透明到半透明到完全透明的效果。

▎2. 图层蒙版的特点

　　图层蒙版的特点如下。

　　(1) 在蒙版层上操作,只有灰色系列。

　　(2) 蒙版中的白色表示全透明,黑色表示遮盖,而灰白系列的则表示半透明。

　　(3) 蒙版的实质是将原图层的画面进行适当的遮盖,只显示出设计者需要的部分。

　　要想完全掌握图层蒙版的使用,必须要通过大量的实践练习。读者要通过本任务认真

图 7-3 图层蒙版

学习理解,掌握图层蒙版的使用场合和技巧。

3. 图层蒙版的创建

创建图层蒙版的方法很多,例如,可以通过选择"图层"/"图层蒙版"子菜单中的命令创建图层蒙版,如图 7-4 所示。

图 7-4 创建图层蒙版

图层蒙版就是为原有图像所在图层添加一个"蒙版"。通过调整蒙版上的颜色,控制该图层中对应像素是否显示(即设置对应像素为透明或半透明或不透明)。在图层蒙版中,操作者可以使用任何工具对图层蒙版作各种绘制,如制作渐变填充,使用选取工具选取选区后再进行填充,使用画笔工具直接绘制等。无论用哪种工具在图层蒙版上绘制,最终的效果始终是黑色遮盖原图层,灰白色透出原图层图案。注意,在图层蒙版上不仅可以绘制图案,也可以复制图案。

任务实施

社团纳新招贴的实现步骤如下。

(1)移动图片。在 Photoshop CC 中打开素材文件"星空 .jpg"和"舞者 .jpg",使用"移动工具"将"舞者 .jpg"文件移动到"星空 .jpg"文件中,如图 7-5 所示。

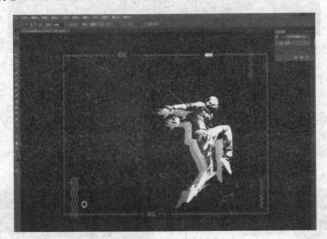

图 7-5　移动图片

(2)创建图层蒙版。选中图层 1,单击图层面板下方"添加图层蒙版"按钮 ▣ ,为该图层添加图层蒙版,如图 7-6 所示。

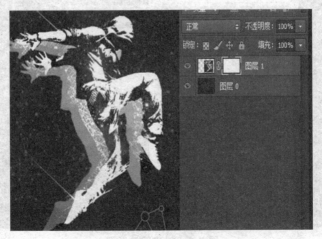

图 7-6　添加图层蒙版

注意：为图层添加蒙版时，要先确定当前图像中没有任何选区的存在。

另外，使用菜单命令同样可以为图层添加蒙版。选择"图层 1"，执行菜单"图层"/"图层蒙版"/"显示全部"命令，也可以为"图层 1"添加图层蒙版。

注意：以上这两种方法创建的都是显示整个图层图像的蒙版，即蒙版中默认填充为白色，图层中的图像为全部显示状态。

（3）编辑图层蒙版。使用"渐变工具"，设置渐变色带为由黑至白，确认图层蒙版为选择状态，在视图中使用渐变工具从上至下垂直拖动渐变，黑色对应位置图像为透明，灰色对应的图像为半透明，白色对应的地方为不透明，如图 7-7 所示。

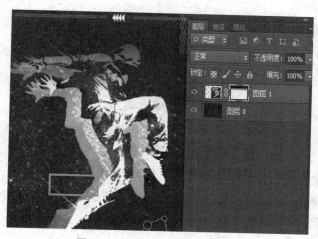

图 7-7 添加图层蒙版设置渐变

（4）添加文字效果。打开文字素材图片"文字装饰 .jpg"，使用"魔棒工具"选择白色区域，按下 Ctrl＋Shift＋I 组合键反向选中文字装饰内容，使用"移动工具"将其拖入"光芒.jpg"中。也可以使用"文字工具"自己输入文字，并使用"形状工具"设置文字区域，最终效果如图 7-8 所示。

图 7-8 添加文字装饰

注意:要创建隐藏选区的蒙版,只需在保持选区浮动状态下,按下 Alt 键单击"添加图层蒙版"按钮即可,也可以执行"图层"/"图层蒙版"/"隐藏选区"命令。

|任务拓展 |

制作"孕育"环保主题宣传广告

本任务中的素材包括小苗、蛋壳及文字等,通过突破常规的奇特画面引发读者想象,暗示绿色像生命一样珍贵,号召全社会关注绿色环保问题,效果图如图 7-9 所示。

图 7-9 "孕育"环保主题宣传广告

通过观察该任务的素材图片,如图 7-10 所示可以看到本任务主要是通过两幅素材图片合成而来,该任务的完成仍然可以使用图层蒙版来实现。

(a) 小苗.jpg

(b) 蛋壳.jpg

图 7-10 素材图片

(1) 在 Photoshop CC 中打开两幅素材,将蛋壳图片文件中的背景图层复制一份,得到"背景拷贝"的副本图层,再将小苗图片文件载入蛋壳文件中,将背景图层隐藏,同时设置小苗图层的不透明度为 53%,从而方便对两幅图像大小的调整。按下 Ctrl+T 快捷键通过自由变换调整两个图片的大小,如图 7-11 所示。

(2) 对小苗图层进行抠图,通过之前介绍过的"选择工具""磁性套索"或"路径工具"将小苗及落入蛋壳的土壤选中,如图 7-12 所示。

此时单击图层面板上的"添加图层蒙版"按钮,如图 7-13 所示,即可为小苗图层添加图层蒙版,如图 7-14 所示。

可以看到,图层中显示选中区域(对应蒙版上白色区域),没有被选中的地方不显示(对应蒙版中黑色区域)。从而,得到我们期望的效果。这时可以使用画笔,按下 D 键,把前景色

图 7-11 调整图像大小与位置

图 7-12 抠图

图 7-13 单击添加图层蒙版按钮

和背景色恢复为黑白默认设置。使用黑色或白色在蒙版上涂抹,调整显示区域。

注意:在涂抹过程中要根据需要随时调整画笔大小。按下键盘中的左括号键,可以缩小画笔大小;反之按下右括号键,可以增大画笔大小。若想使被遮盖区域出现半透明效果,可以通过画笔"硬度"来设置。

也可以先建立图层蒙版然后抠图,如图 7-15 所示。选中不希望显示的区域,接下来选

图 7-14　为小苗图层添加图层蒙版

择图层蒙版层,使用油漆桶工具并按下 Alt＋Delete 组合键填充前景色——黑色,可以得到相同的结果。如图 7-16 所示。

图 7-15　添加图层蒙版

图 7-16　在图层蒙版选中区域添加黑色

　　(3) 将小苗图层的不透明度调整回 100％,并且将图像裁切为所需大小,为图像添加文字"孕育"。

任务2 利用矢量蒙版制作房地产广告

|任务分析|

本任务由背景、扇子、房屋、多组人物，以及花纹、文字等素材合成了一幅房地产宣传广告，该广告突出显示了和谐、绿色、健康、唯美的居住环境，传达了开发商的设计与建设理念。本任务中的主题部分可以使用图层蒙版来实现，但画面右下角处的人物区域除了渐隐显示外还有花心轮廓，这就要用到矢量蒙版来完成。本任务中，使用的图像素材较多，如图7-17所示。

(a) 背景.jpg　　　　　　(b) 房子.jpg　　　　　　(c) 扇子.jpg　　　　　　(d) 文字.psd

(e) 人物1.jpg　　　　　　(f) 人物2.jpg　　　　　　(g) 人物3.jpg　　　　　　(h) 人物4.jpg

图7-17 素材图片

|任务知识|

1. 什么是矢量蒙版

矢量蒙版类似于图层蒙版，也是用来控制图层的显示与隐藏的，并且与图层蒙版一样，在"图层"面板中显示为图层缩览图右边的附加缩览图，然而对于矢量蒙版，此缩览图代表的是从图层内容中剪下来的路径。

2. 矢量蒙版与图层蒙版的区别

在矢量蒙版中，操作者只能使用矢量图形绘制工具，即只能使用钢笔工具、形状工具，不能使用画笔之类的工具。而且它只能用黑或白来控制图像透明与不透明，不能产生半透明效果，它与图层蒙版的区别也就在此。它的优点是可以随时通过编辑矢量图形来改变矢量蒙版约束显示的区域。

另外这两种蒙版还有一个本质上的区别，图层蒙版使用的是像素化的图像来控制图像的显示与隐藏，而矢量蒙版则是由钢笔或形状工作创建的矢量图形来控制图像的显示和隐藏。由于矢量蒙版具有的矢量特性，因此在输出时，矢量蒙版的光滑程度与分辨率无关。

3. 矢量蒙版的创建

选中对应的图层,执行菜单栏中的"图层"/"矢量图层"/"显示全部"命令,为该图层添加矢量蒙版。执行该命令创建的为白色矢量蒙版,表示该图层的内容全部可见。也可以按下Ctrl键单击"添加图层蒙版"按钮,将为选择图层或图层组添加显示全部的矢量蒙版,按下Ctrl+Alt组合键单击"添加图层蒙版"按钮,将添加隐藏全部的矢量蒙版。

| 任务实施 |

(1) 在 Photoshop CC 中将文件"背景 .jpg""扇子 .jpg""房子 .jpg"打开。双击"背景.jpg"图片中的"背景"图层,将其转换为普通图层,之后为其创建图层蒙版,确认图层蒙版为选择状态,在视图中使用渐变工具从下到上拖拽,黑色对应位置图像为透明,灰色对应的图像为半透明,白色对应的地方为不透明。使背景图片从上到下出现渐隐效果。新建图层2填充为白色并拖动到图层1下方,如图7-18所示。

图 7-18　背景设置

(2) 选中"扇子 .jpg"图片中的扇子拖入"背景 .jpg"图片中,将"房子 .jpg"图片也拖入"背景 .jpg"图片中。将对应的图层名称分别改为"扇子"和"房子"。选择"房子"图层单击图层面板下方"添加图层蒙版"按钮,为该图层添加图层蒙版。使用画笔工具,设置前景色为黑色,硬度为30%,笔尖大小为30,确认图层蒙版为选择状态,在视图中涂抹,黑色对应位置图像为透明,灰色对应的图像为半透明,白色对应的地方为不透明。将该层图片对应的扇子之外的区域透明,如图7-19所示。

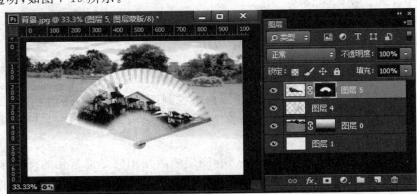

图 7-19　主体区域设置

（3）将任务素材图片"人物1.jpg""人物2.jpg""人物3.jpg"和"人物4.jpg"分别拖入到"背景.jpg"中，调整大小并分别为它们添加图层蒙版，设置其从上到下的渐隐效果。分别选中对应的图层，执行菜单栏中的"图层"/"矢量图层"/"显示全部"命令，为其添加矢量蒙版。执行该命令创建的为白色矢量蒙版，表示该图层的内容全部可见，如图7-20所示。

注意：按下Ctrl键单击"添加图层蒙版"按钮，将为选择图层或图层组添加显示全部的矢量蒙版，按下Ctrl＋Alt组合键单击"添加图层蒙版"按钮，将添加隐藏全部的矢量蒙版。

（4）确认矢量蒙版为选择状态，使用"自定义形状"工具，选择"花6"形状在视图中绘制路径，即可获得不可见区域，如图7-20所示。

图7-20 添加矢量蒙版

（5）新建图层并改名为"花纹"，使用"渐变工具"选择"黄色、蓝色、红色、绿色"色带，选择渐变方式为"径向"填充当前图层。之后为其添加图层蒙版和矢量蒙版。确认矢量蒙版为选择状态，使用"自定义形状"工具，在视图中绘制路径，如图7-21所示。

图7-21 视图中绘制路径

绘制完毕后，使用"画笔工具"在其图层蒙版中进行涂抹，屏蔽部分图像。

最后，为图像添加文字部分，最终效果如图7-22所示，在此不再详细说明。读者也可以自己制作添加文字区域。

图7-22 房地产广告效果图

| 任务拓展 |

制作"花之吻"环保主题宣传广告

本任务由花朵、女孩的素材组成。人类与大自然融为一体,号召人类爱护环境、关注环保问题。本任务主要使用矢量蒙版实现预期图像效果,如图7-23所示。

图7-23 "花之吻"的环保主题宣传广告

通过观察该任务的素材图片,如图7-24所示,可以看到本任务主要是通过两幅素材图片合成而来,与前面的任务一样,该任务的完成仍然可以使用图层蒙版来实现。这里可以看到最终效果图中有花朵形状的轮廓,就需要使用矢量蒙版来完成。

(1) 在Photoshop CC中打开两幅素材,将"女孩.jpg"图片文件拖入花朵文件中,并为该图层添加图层蒙版,使用渐变工具编辑该图层蒙版,使得图层中的部分像素渐隐,与下层花朵交相呼应,如图7-25所示。

(2) 为女孩图层添加矢量蒙版,可以通过菜单栏中的"图层"/"矢量图层"/"显示全部"

图 7-24 素材图片

图 7-25 添加图层蒙版

命令,如图 7-26 所示,也可以直接单击 ⬚ "添加图层面板"按钮,此时它已经自动转换成添加矢量图层,为女孩图层添加矢量蒙版,如图 7-27 所示。

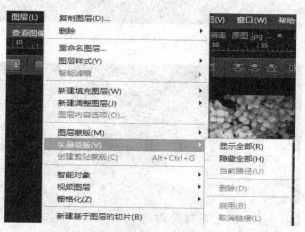

图 7-26 显示全部命令

(3) 在矢量蒙版上编辑矢量图形。选择工具栏中的"自定义形状工具",在其对应的状态栏中,选择"花 6"形状,在矢量蒙版中绘制矢量图形,得到预期效果,如图 7-28 和图 7-29 所示。

图 7-27　添加矢量蒙版

图 7-28　选择形状工具

图 7-29　绘制矢量图形

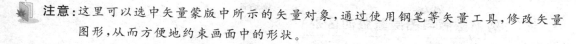

注意：这里可以选中矢量蒙版中所示的矢量对象，通过使用钢笔等矢量工具，修改矢量图形，从而方便地约束画面中的形状。

任务3 利用剪贴蒙版制作"冬季"海报

| 任务分析 |

本任务是由打开的书、人物、冬景及文字等素材组成，人物融于冬景之中，在雪地中一位女孩静静地等候着爱人，丝豪不惧冬天的寒意，效果如图7-30所示。

图 7-30 电影海报效果

本任务中使用了4幅图像素材，如图7-31所示。

图 7-31 素材图片

| 任务知识 |

1. 什么是剪贴蒙版

剪贴蒙版又称作剪贴组，它是由至少两个图层组成的图层组，最下面的叫作基底图层（又称基层），位于其上的图层叫作顶层。基层只有一个，顶层可有一个或多个。通过基层的形状来约束处于上方图层（顶层）的显示，这常被称作"下形状上颜色"。

2. 剪贴蒙版与图层蒙版的区别

剪贴蒙版与图层蒙版的区别如下。

(1) 剪贴蒙版可以对一组图层进行影响,并且是位于被约束图层的最下面。而图层蒙版只作用于一个图层,约束该图层的显示。

(2) 剪贴蒙版本身又是图像中的对象之一,而图层蒙版本身不在图像中显示。

(3) 剪贴蒙版除了约束所有顶层的不透明度外,其本身的混合模式和图层样式都会对顶层产生影响,而图层蒙版只影响约束图层中像素的不透明度。

| 任务实施 |

(1) 在 Photoshop 中打开"书.jpg"图片,双击背景图层,将其转化为普通图层并重命名为"书"。

(2) 新建图层命名为"基层1"。选择形状工具中的"矩形工具",在属性栏中设置为"路径"模式,在视图中拖动出图像显示区域,之后将路径转化为选区,使用"渐变工具",选择"径向渐变"模式,从选区左下角向右上角拖拽,填充渐变。之后选择橡皮擦工具设置笔尖大小、硬度和流量,并修饰渐变区域(这里可以选择任意颜色),如图 7-32 所示。

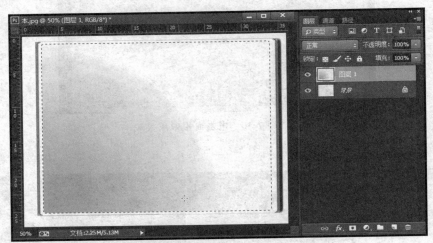

图 7-32　将路径转化为选区并设置渐变

(3) 打开"冬景.jpg"图片,将其拖入"书.jpg"图片中,重命名图层为"雪景",按下 Alt 键,将鼠标指针放在"基层1"和"雪景"两个图层之间的线上,当指针变成 ⬇□ 时单击鼠标。也可以执行菜单中"图层"/"创建剪贴蒙版"命令,或按下 Alt+Ctrl+G 快捷键,如图 7-33 所示,冬景图像只针对"图层1"中图像的形状和透明度显示。

(4) 打开"人物.jpg",并将其拖入到视图中,重命名图层为"人物",添加图层蒙版,使用"画笔工具"编辑图层蒙版,将图像中背景部分隐藏;然后执行菜单中"图层"/"创建剪贴蒙版"命令,设置如图 7-34 所示效果。

(5)选择"文字工具",选择合适的字体,输入文字"冬季"。之后再将一幅图片素材拖入到视图中,执行"图层"/"创建剪贴蒙版"命令,如图 7-35 所示,为文字设置了图片的颜色。

图 7-33 设置背景

图 7-34 隐藏部分背景

图 7-35 将文字设置为剪贴蒙版

（6）为图片添加其他文字信息，保存图像文件，得到最终效果。

若要取消剪贴图层,仍然是按下 Alt 键,将鼠标指针放在基层和顶层之间,当鼠标变为
时单击,即取消剪贴图层,恢复为普通图层。

| 任务拓展 |

为咖啡女孩换衣服

本任务是将咖啡主题图片中的人物衣服换为咖啡图案,如图 7-36 所示,本任务主要使
用剪贴蒙版实现预期效果。观察该任务的素材图片,如图 7-37 所示,可以看到本任务主要
是将咖啡女孩的衣服换为咖啡豆的图片,只要将女孩衣服区域设置为基层,将咖啡豆设置为
顶层即可。

图 7-36　咖啡女孩换衣效果　　　　　　　图 7-37　素材图片

在 Photoshop CC 中打开咖啡女孩图片,双击背景层将其转化为普通图层(图层 0)。然
后使用"选择工具"选中女孩的衣服区域,按下 Ctrl＋J 快捷键,复制选中区域为新图层(图层
1),如图 7-38 所示。

在 Photoshop CC 中打开咖啡豆图片,并拖入咖啡女孩文件中作为图层 2。按下 Alt 键,将鼠
标指针放在"图层 1"和"图层 2"之间,当指针变成 时单击,设置剪贴蒙版,如图 7-39 所示。

图 7-38　复制衣服区域到新图层　　　　　图 7-39　设置剪贴蒙版

此时,仍然可以像编辑普通图层一样设置基层和顶层。可以通过按下 Ctrl＋T 快捷键自由变换命令来将顶层(图层 2)缩小,得到最终效果图。

小　结

本章主要介绍了图层蒙版、矢量蒙版、剪贴蒙版的使用技巧和应用场合。

习　题

一、选择题

1. 解除剪贴蒙版的方法与建立剪贴蒙版的方法相同,可以选择"图层"/"释放剪贴蒙版"命令,快捷键为(　　)。

A. Alt＋Ctrl＋G　　　　B. Alt＋Ctrl　　　　C. Alt＋Ctrl＋J　　　　D. Ctrl＋G

2. 按(　　)组合键并单击图层蒙版缩略图,则会在图像编辑模式下以红宝石显示图层蒙版。

A. Alt＋Ctrl　　　　B. Alt＋Shift　　　　C. Shift＋Ctrl　　　　D. Enter

3. 图层蒙版的颜色有(　　)。

A. 灰　　　　　　　B. 黑　　　　　　　C. 白　　　　　　　D. 红

二、填空题

1. 矢量蒙版中的灰色相当于图层蒙版中的黑色,表示_____。

2. 栅格化矢量蒙版可以直接在矢量蒙版缩略图上单击鼠标右键,在弹出的快捷菜单中选择_____命令,或者选择_____命令。

3. 要创建剪贴蒙版,可以选择"图层"/"创建剪贴蒙版"命令,快捷键为_____。

4. 如果要将图层蒙版从一个图层中移动到另一个图层上,可以直接使用鼠标拖拽;如果按住_____键并拖拽图层蒙版,则可以实现图层蒙版的复制。

三、判断题

1. 图层蒙版确切的名称应该是像素蒙版,它是借助于黑白灰来控制图像显示和隐藏的一类功能超级强大的蒙版。(　　)

2. 图层蒙版中,纯白色对应的图像区域是可见的,纯黑色对应的图像区域是被遮盖的,灰色区域会使图像呈现出一定程度的透明效果。(　　)

3. 只有矢量蒙版,才会在"路径"面板中显示出其缩略图。(　　)

4. 按住 Alt 键并单击图层蒙版缩略图,则会在图像编辑窗口中单独显示蒙版。(　　)

四、简答题

1. 用自己的话描述图层蒙版的概念和特点。

2. 简述剪贴蒙版与图层蒙版的不同点。

3. 简述创建矢量蒙版的多种方法。

五、上机练习

1. 应用本项目所介绍的图层蒙版、矢量蒙版和剪贴蒙版来完成"中秋佳节"月饼包装主题广告,如下图 7-40 所示。

图 7-40　最终效果

制作提示:本任务要运用图层蒙版对图片进行处理,两幅图像素材如图 7-41 所示。

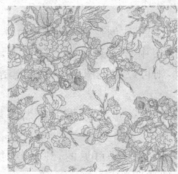

图 7-41　素材文件　　　　　　　　　　图 7-42　最终效果

2. 制作"梦幻霓裳"时尚杂志封面,如图 7-42 所示。

制作提示:主要使用剪贴蒙版对图片进行处理。

3. 制作儿童摄影特效,如图 7-43 所示。

图 7-43 最终效果

项目8
Chapter 8
滤镜的使用

>>> **学习目标**

1. 了解 Photoshop 中的滤镜工具种类。
2. 学会使用不同滤镜实现不同的特殊效果。

滤镜是 Photoshop 中一组非常神奇的工具,被誉为"神奇的魔法师"。滤镜的应用大大丰富了 Photoshop 的功能,也极大地方便了用户的操作,为用户充分表达自己的创意提供了极大的便利。

任务 1　制作"雪中女孩"图片

| 任务分析 |

本任务是使用滤镜工具制作一幅"雪中女孩"的图像,如图 8-1 所示。本任务主要用到"像素化"滤镜和"模糊"滤镜组等工具和命令实现下雪效果,另外效果图中的光照效果是通过"渲染"滤镜组中的"光照效果"命令来实现。

| 任务知识 |

1. 什么是滤镜

"滤镜"本是出自相机中的镜头概念,在 Photpshop 中,滤镜也被称为增效工具,它简单易用,功能强大,内容丰富,样式多样。同时,它也是 Photpshop 中最具特色的命令,只需要简单修改滤镜中的几个参数,就能做出奇妙的效果。

在工作中,许多设计师都对 Photoshop 的滤镜(包括第三方插件)十分推崇,使用滤镜,设计师可以更好地表达自己的创意。

图 8-1　效果图

　　并非各种颜色模式的图像都能应用所有的滤镜命令，对于 8 位/通道的 RGB 颜色模式的图像而言，几乎所有的滤镜都是有效的，但是对于 16 位/通道或 32 位/通道的 RGB 颜色模式的图像，则许多滤镜都不能用。不但如此，即使是 8 位/通道的非 RGB 模式的图像，有许多滤镜也不能使用，请注意这一点。

2. "滤镜"菜单

　　在 Photoshop 中，几乎所有的滤镜都可以置于"滤镜"菜单下，共有 100 多个。但是在默认状态下，Photoshop CC 将许多滤镜放置于滤镜库中，并没有列在"滤镜"菜单中，如图 8-2（a）所示。如果要将所有的滤镜命令都直观地列在"滤镜"菜单栏中，则需要选择"编辑"/"首选项"/"增效工具"命令，在弹出的对话框"滤镜"选项组中选择"显示滤镜库的所有组和名称"复选框即可，如图 8-2（b）所示为滤镜菜单中显示出的所有滤镜组命令。

3. 滤镜的使用方法

　　滤镜主要用来实现图像的各种特殊效果，它在 Photoshop 中具有非常神奇的作用。所有的 Photoshop 内置滤镜都按分类放置在"滤镜"菜单中，使用时只需从相应的菜单中执行该命令即可。

　　Photoshop 滤镜的操作非常简单，但是真正用起来却很难做到恰到好处，这就需要大家在学习滤镜时认真掌握每个滤镜的效果和特点，以及每个滤镜中一些关键参数的应用。

　　在学习滤镜时，还要注意按滤镜所在的组进行归类学习，因为每组中的滤镜或多或少有着相似之处，如锐化组中的滤镜可以提高图像的清晰度，而与此相反的是，模糊组中的滤镜则可以将图像变得模糊不清等。

　　在应用方面，滤镜通常需要与通道、图层等联合使用才能取得最佳效果。如果想在最适当的时候应用滤镜到最适当的位置，除了平常的美术功底外，还需要熟练掌握各个滤镜所能制作的效果，甚至需要具有很丰富的想象力，这样，才能做到有的放矢，表现出自己的创意。

(a) 显示部分滤镜命令　　　　　(b) 显示所有滤镜组命令

图 8-2　"滤镜"菜单

4. 滤镜的使用技巧

滤镜的使用技巧如下。

（1）在"滤镜"菜单中，若滤镜命令后带有"…"，表示执行该命令时会弹出对话框，在对话框中可以通过输入数值或设置选项来应用滤镜效果。

（2）如果要处理的图像文件很大，执行某些滤镜命令时，系统处理的速度会比较慢。这时，可以选取部分图像应用滤镜效果，满意之后再对整个图像进行全面处理。

（3）滤镜只能应用于当前可见图层中，且可以反复应用，连续应用，但一次只能应用在一个图层上。

（4）滤镜不能应用于位图模式、索引颜色模式和 48b 的 RGB 模式的图像，某些滤镜只对 RGB 模式的图像起作用，如 Brush Strokes 滤镜和 Sketch 滤镜就不能在 CMYK 模式下使用。还有，滤镜只能应用于图层的有色区域，对完全透明的区域没有效果。

（5）有些滤镜很复杂，如果应用于尺寸较大的图像中，执行时需要很长时间，如果想结束正在生成的滤镜效果，只需按 Esc 键即可。

（6）如果在滤镜对话框中对自己调节的效果感觉不满意，希望恢复调节前的参数，可以按住 Alt 键，这时"取消"按钮会变为"复位"按钮，单击此按钮就可以将参数重置为调节前的状态。

（7）最后一次应用的滤镜出现在"滤镜"菜单的最上方，若要重复此滤镜效果，执行该滤镜命令按钮或按下 Ctrl＋F 快捷键即可。按下 Ctrl＋Alt＋F 快捷键，可以弹出上一次执行的滤镜对话框设置。

（8）滤镜的处理效果是以"像素"为单位的，因此，滤镜的处理效果与图像的分辨率有关。用同样的参数处理不同分辨率的图像,其效果也是不同的,所以在学习滤镜时千万不要死记硬背"滤镜"对话框中的参数,而是要真正理解参数设置的意义,这样才能活学活用。

5."像素化"滤镜组

"像素化"滤镜是将图像分成一定的区域,将这些区域转变为相应的色块,再由色块构成图像,类似于色彩构成的效果。

"像素化"命令提供了 7 种效果滤镜,效果如图 8-3 所示。

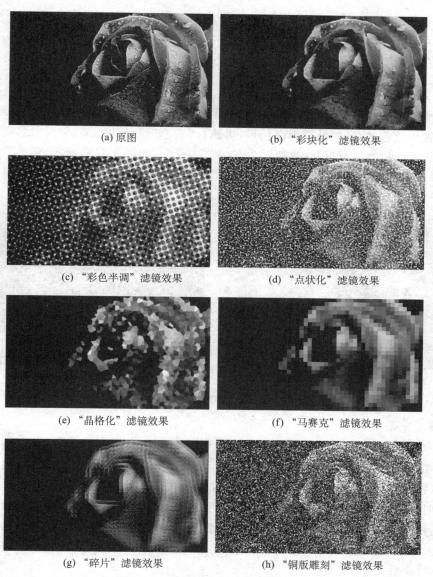

(a) 原图   (b) "彩块化"滤镜效果

(c) "彩色半调"滤镜效果   (d) "点状化"滤镜效果

(e) "晶格化"滤镜效果   (f) "马赛克"滤镜效果

(g) "碎片"滤镜效果   (h) "铜版雕刻"滤镜效果

图 8-3 原图与 7 种效果滤镜对比

(1) "彩块化"滤镜:此滤镜的作用在于使用纯色或相近颜色的像素结块来重新绘制图像,类似于手绘的效果。

（2）"彩色半调"滤镜：此滤镜的作用在于模拟在图像的每个通道上使用半调网屏的效果，将一个通道分解为若干个矩形，然后用圆形替换掉矩形，圆形的大小与矩形的亮度成正比。

（3）"点状化"滤镜：此滤镜可将图像分解为随机分布的网点，模拟点状绘画的效果，使用背景色填充网点之间的空白区域。

（4）"晶格化"滤镜：此滤镜使用多边形纯色结块方式绘制图像。

（5）"马赛克"滤镜：此滤镜就是将图像中的各个像素结成方形块的效果。

（6）"碎片"滤镜：此滤镜实质上就是将原图创建 4 个相互偏移的副本，产生类似重影的效果。

（7）"铜板雕刻"滤镜：此滤镜是使用黑白或颜色完全饱和的网点图案重新绘制图像。

6. "渲染"滤镜组

1）云彩和分层云彩

云彩滤镜是通过前景色和背景色随机混合而填充当前图层的颜色，如图 8-4(a)所示，将前景色设置为蓝色，背景色设置为白色后，再执行"云彩"滤镜的效果；分层云彩则是将前景色和背景色混合后再执行反相（快捷键为 Ctrl+L）命令，如图 8-4(b)所示，将前景色设置为蓝色，背景色设置为白色后，再执行"分层云彩"滤镜的效果。需要注意的是，分层云彩不能应用在透明的图层中。

(a) 云彩滤镜效果

(b) 分层云彩滤镜效果

图 8-4　云彩滤镜和分层云彩滤镜效果

2）镜头光晕

镜头光晕滤镜可以模仿出亮光照射到相机镜头所产生的折射现象，该滤镜主要包括 4 种镜头类型，其中以"50～300 毫米变焦"最为常用。如果要将镜头光晕添加在图像指定的坐标位置，则可以在打开"滤镜光晕"对话框后，按下 Alt 键并在对话框中单击图像缩略图，此时会弹出"精确光晕中心"对话框，可以在此对话框中输入坐标值精确控制镜头光晕所在的位置。图 8-5(a)所示为原始图像，图 8-5(b)所示为添加镜头光晕滤镜后的效果。

3）光照效果

光照效果滤镜是渲染滤镜中最具特色的滤镜，也是 Photoshop CC 在旧版本滤镜基础上进行大幅度升级改进的重要滤镜。使用该滤镜可以模拟出真实的灯光照射效果，如有纹理通道作为凹凸图，则可以照射出非常逼真的三维图像效果。

(a) 原图

(b) "镜头光晕"滤镜效果

图 8-5 原图与"镜头光晕"滤镜效果

当对图像执行"滤镜"/"渲染"/"光照效果"命令时,程序会自动打开"光照效果"面板,如图 8-6 所示。

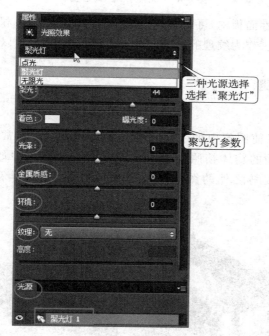

图 8-6 "光照效果"面板

"光照效果"滤镜中的灯光类型包括三类:聚光灯、点光(或称泛光灯)和无限光(或称平行光),这三类灯光与高端三维程序(如 3ds Max)中的灯光类型一致。所谓聚光灯,是指像手电筒、汽车大灯等发射出的灯光效果;点光则模拟从光源向周围发射的光,距离光源越远,则灯光越暗;无限光则模拟类似于太阳向地球发射的平行光,该类型的灯光照射效果比较均匀。图 8-7 所示为三类灯光的照射效果。

关于使用鼠标调节灯光的方法,与场景模糊和倾斜模糊中的说明方法类似。如果要在聚光灯、点光和无限光三类灯光之间切换,那么可以在属性面板中单击相应的"灯光"按钮,还可以在其选项栏中选择多种灯光预设,当然,也可以将自定义的灯光存储为预设。如图 8-8 所示为"光照效果"的属性栏。

(a) 聚光灯　　　　　　　　(b) 点光　　　　　　　　(c) 无限光

图 8-7　光照效果中的三类灯光效果

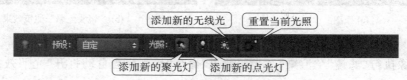

图 8-8　"光照效果"属性栏

在"光照效果"的属性面板中,可以调节灯光的颜色、强度、光泽和金属质感等参数,还可以指定照射的纹理通道。作为纹理的通道既可以是颜色通道,也可以是 Alpha 通道。

7. "模糊"滤镜组

1）动感模糊

动感模糊滤镜可以使图像中的主体产生一种动态效果,非常类似于使用数码相机以固定曝光时间给运动的物体拍照的效果。图 8-9(a)所示为原始图片,图 8-9(b)则是使用动感模糊滤镜将骏马之外的图像区域模糊后的效果,这样看起来骏马就更有"动感"了。

(a) 原图　　　　　　　　　　　　　　　　(b) "动感模糊"滤镜效果

图 8-9　原图与"动感模糊"滤镜效果

2）高斯模糊

高斯模糊滤镜是最常用的一个模糊滤镜,它可以快速产生比较均匀的模糊,在给人脸磨皮时,常用这个模糊滤镜。如图 8-10(a)所示是模糊半径为 30 像素时的效果,图 8-10(b)是模糊半径为 230 像素时的效果。

3）径向模糊

径向模糊滤镜包含缩放模糊和旋转模糊两种模糊效果,缩放模糊可以用于模仿向前冲

(a) 模糊半径为30像素   (b) 模糊半径为230像素

图 8-10   "高斯模糊"滤镜效果

刺的镜头模糊效果,如运动员冲刺到终点、影视剧中的子弹向前飞的动感效果等,而旋转模糊则可以模仿高速旋转的车轮等效果,如图 8-11 所示。

(a) "旋转模糊"滤镜效果

(b) "缩放模糊"滤镜效果

图 8-11   "径向模糊"滤镜效果

任务实施

(1) 打开素材文件"女孩.jpg",复制背景图层,如图 8-12 所示。

(2) 单击菜单栏中的"滤镜"菜单,选择其下拉菜单中的"像素化"/"点状化"命令,并在弹出的"点状化对话框"中设置"单元格大小"为 8,如图 8-13 所示。

(3) 单击菜单栏中的"图像"菜单,选择其下拉菜单中的"调整"/"阈值"命令,如图 8-14

所示。

图 8-12　复制背景图层

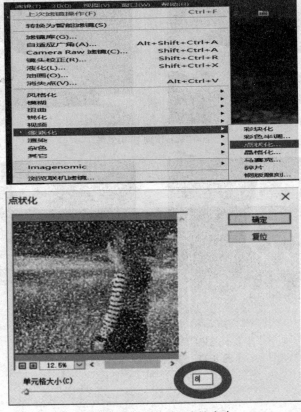

图 8-13　执行点状化滤镜命令

并在弹出的"阈值"对话框中设置"阈值色阶"为 245，如图 8-15 所示。

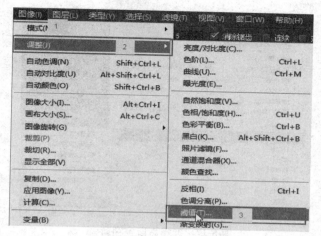

图 8-14 选择阈值对话框

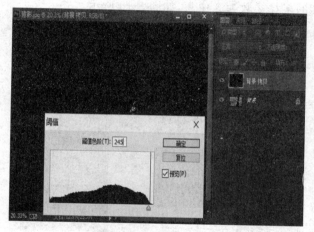

图 8-15 设置阈值色阶

之后,设置"背景 拷贝"图层的图层混合模式为"滤色",得到图像效果如图 8-16 所示。

图 8-16 设置图层混合模式为"滤色"

(4)执行"滤镜"/"模糊"/"高斯模糊"命令,如图 8-17 所示。

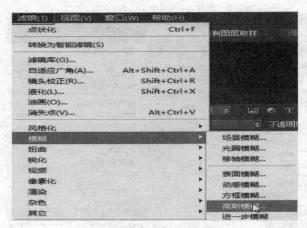

图 8-17 选择高斯模糊命令

设置"高斯模糊"的半径参数为 3 像素,如图 8-18 所示。

图 8-18 设置高斯模糊参数

(5)设置"动感模糊",使下雪效果更加自然、真实。执行"滤镜"/"模糊"/"动感模糊"命令,设置各参数如图 8-19 所示。

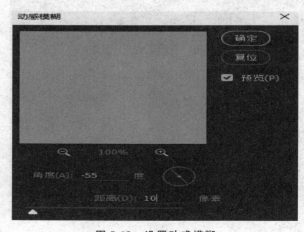

图 8-19 设置动感模糊

（6）设置"镜头光晕"，为图像添加唯美效果。执行"滤镜"/"渲染"/"镜头光晕"命令，打开"镜头光晕"对话框如图 8-20 所示。

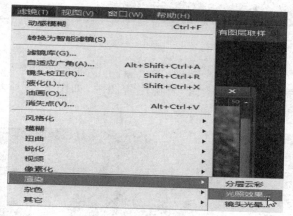

图 8-20 选择光照效果滤镜

将亮度设置为 135%，镜头类型选择"50～300 毫米变焦"，如图 8-21 所示。

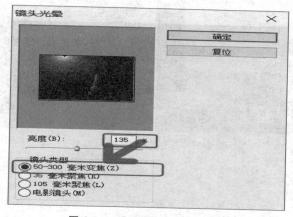

图 8-21 设置"镜头光晕"参数

最终效果如图 8-22 所示，制作完毕。

图 8-22 最终效果图

任务2　制作"飞毯"公益广告

| 任务分析 |

本任务是使用滤镜工具制作"飞毯"公益广告图片,如图8-23所示。本任务主要用到"扭曲"滤镜和"模糊"滤镜组等工具和命令。

图8-23　"飞毯"公益广告效果

| 任务知识 |

"扭曲"滤镜组

"扭曲"滤镜是通过对图像应用扭曲变形实现各种效果。"扭曲"工具组提供了8种效果滤镜,如图8-24所示。

(1)"波浪"滤镜:此滤镜可使图像呈现波浪扭曲效果,在执行该命令后可弹出如图8-25所示的对话框。

对话框中各选项参数含义如下:

- "生成器数":产生波的数量。范围是1~999。
- "波长":其最大值与最小值决定相邻波峰之间的距离。
- "波幅":其最大值与最小值决定波的高度,两值相互制约。
- "比例":控制图像在水平或垂直方向上的变形操作。
- "类型":包括正弦、三角形、正方形。
- "随机化":每单击一下此按钮都可以为波浪指定随机效果。
- "折回":将变形后超出图像边缘的部分反卷到图像的对边。
- "重复边缘像素":将图像中因为弯曲变形超出图像的部分分布到图像的边界上。

(a) 原图

(b) "波浪"滤镜效果

(c) "波纹"滤镜效果

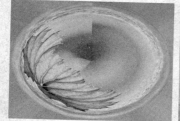

(d) "极坐标"滤镜效果

(e) "挤压"滤镜效果

(f) "切变"滤镜效果

(g) "球面化"滤镜效果

(h) "水波"滤镜效果

(i) "旋转扭曲"滤镜效果

图 8-24 "扭曲"滤镜效果

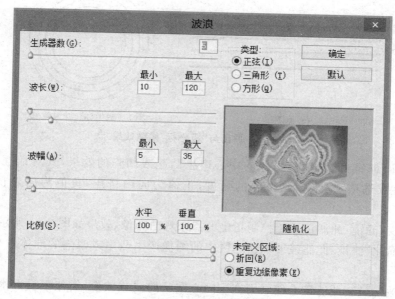

图 8-25 "波浪"滤镜对话框

（2）"波纹"滤镜：此滤镜可将图像中的像素位移，产生波纹效果。执行"滤镜"/"扭曲"/"波纹"命令即可打开"波纹"对话框，在此对话框中包含"数量"和"大小"两个可选参数设置，其中"数量"是控制波纹的变形幅度，它的范围是"－999～999"，波纹的"大小"分为"大、中、小"三种。

（3）"玻璃"滤镜："玻璃"滤镜可以模仿出玻璃的一些图案和纹理，主要包括 4 种纹理：块状、画布、磨砂和小镜头。图 8-26 所示为原始图像效果，图 8-27 所示为应用了玻璃中的"小镜头"纹理后的效果。

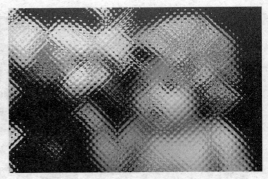

图 8-26　原图　　　　　　　　　　　　　　图 8-27　"玻璃"滤镜效果

（4）"极坐标"滤镜：此滤镜使图像产生一种在平面图像和球形图像之间转换的效果。"极坐标"滤镜模仿的是将地球仪上的球型地图展开为平面地图，或者将平面地图包裹到地球仪上的效果。通俗地讲就是将直（平面坐标）的变弯（极坐标），将弯的变直。图 8-28（a）所示为原始图像，图像 8-28（b）所示为执行"极坐标"命令后，在弹出的对话框中选择"平面坐标到极坐标"单选按钮后的效果。

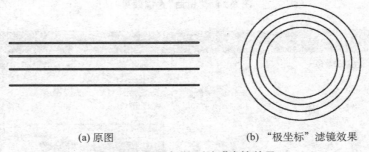

(a) 原图　　　　　　　　　　　　　　　　(b) "极坐标"滤镜效果

图 8-28　原图与"极坐标"滤镜效果

（5）"挤压"滤镜：此滤镜使图像的中心产生凸起或凹陷的效果，其对话框设置只包括"数量"这一参数选项，用来控制挤压的强度，正值为向内挤压，负值为向外挤压，范围在"－100～100"。

（6）"切变"滤镜：此滤镜用于控制指定的点来弯曲图像，效果如图 8-29 所示。

（7）"球面化"滤镜：此滤镜可以使选区中的图像产生凸出或凹陷的球体效果，类似挤压滤镜的效果。

（8）"水波"滤镜：此滤镜会使画面产生同心圆状的波纹效果，类似于投入水中的石子在水中引起荡漾的波纹。

(a) 原图　　　　　　　　　(b) "切变"滤镜效果

图 8-29　原图与"切变"滤镜效果

（9）"旋转扭曲"滤镜：此滤镜会使图像产生旋转扭曲并形成漩涡状的效果。

（10）"置换"滤镜：置换滤镜通过一幅置换图（必须是 PSD 格式）来扭曲另外一幅图像。作为置换图的图像，其黑白灰的分布很重要。图 8-30（a）所示为被置换的当前图像，图 8-30（b）所示为作为置换图的 PSD 图像，图 8-30（c）所示为置换后的图像效果。

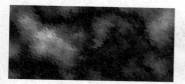

(a) 被置换的当前图像　　　　　　　(b) 置换图　　　　　　　(c) 置换效果

图 8-30　"置换"滤镜效果

| 任务实施 |

本任务是使用"云彩"滤镜来制作出白雾效果，并且使用"切变"滤镜变换纸币为飞毯状。将素材图片"人 1.jpg"与"人 2.jpg"通过"抽出"滤镜抠图得到人物，从而制作出"飞毯"公益广告效果图。

（1）打开素材文件"大桥.jpg"，新建"图层 1"；设置前景色为蓝色，背景色为白色，单击"滤镜"/"渲染"/"云彩"滤镜，设置云彩效果，如图 8-31 所示。

图 8-31　使用"云彩"滤镜

（2）将图层 1 的图层混合模式改为"强光"，效果如图 8-32 所示。

（3）打开素材文件"纸币.jpg"，将其拖动到"大桥"图中，按下 Ctrl＋T 快捷键并右击，在快捷菜单中选择"旋转 90 度(逆时针)"，如图 8-33 所示。

图 8-32　设置图层混合模式为"强光"

图 8-33　旋转纸币

（4）单击"滤镜"/"扭曲"/"切变"命令，弹出滤镜对话框。在切变线段上单击可以添加变换点，拖动这些变换点，改变切变的曲度，如图 8-34 所示。

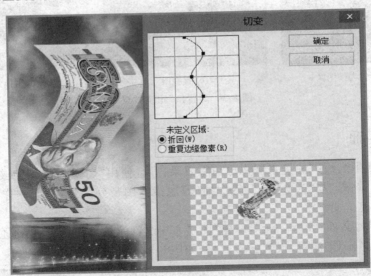

图 8-34　拖动变换点

（5）再次按下 Ctrl＋T 快捷键并右击，在快捷菜单中选择"旋转 90 度(顺时针)"，将"纸币"转回到原来的位置。接着再次右击，选择"透视"，用单击图像上部的变换点，调整图像透视效果，如图 8-35 所示。

（6）打开两个人物图片素材"人 1.jpg""人 2.jpg"，使用"选择工具"选中图片中的人物，如图 8-36 和图 8-37 所示。

然后使用移动工具将人物分别载入到"大桥"图像中，摆放好位置，并将该图像另存为"飞毯公益广告.psd"，如图 8-38 所示。

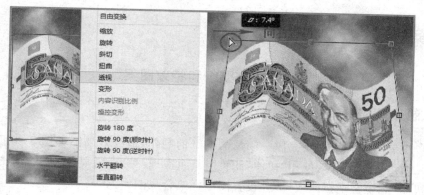

图 8-35　设置透视效果

图 8-36　选中"人 1.jpg"中的人物

图 8-37　选中"人 2.jpg"中的人物

图 8-38　图像制作完成

|任务拓展|

制作炫酷壁纸和特效图案

1. 制作炫酷壁纸

本任务主要采用滤镜工具完成一幅炫酷壁纸的制作,最终效果图如图 8-39 所示。该图像的背景是通过图像合成与使用"扭曲"滤镜工具组实现,另外,需要绘制图像中的不规则图形,使用"扭曲"滤镜实现扭曲效果,并设置图层样式合成图像。

图 8-39　壁纸效果图

(1) 新建文件。按下 Ctrl＋N 快捷键,新建一个白色背景的文件,设置分辨率为 300 像素/英寸,宽度和高度分别为 18 厘米和 12 厘米,如图 8-40 所示。

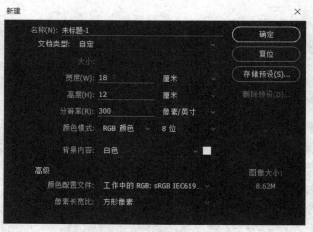

图 8-40　新建对话框

(2) 设置渐变色。新建"图层 1"。运用"渐变工具"向该图层中自左向右填充红色(R:172,G:25,B:60)至淡黄色(R:253,G:250,B:226)的"线性渐变",渐变色的编辑效果如

图 8-41 所示。填充渐变后的图像效果如图 8-42 所示。

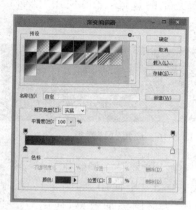

图 8-41 编辑渐变色带

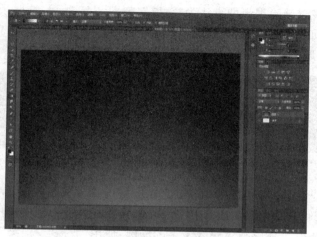

图 8-42 填充渐变

（3）对"图层 1"使用"滤镜"/"扭曲"/"波浪"命令按照图 8-43 设置效果，再次使用"滤镜"/"扭曲"/"挤压"命令使"图层 1"为图 8-44 所示效果。

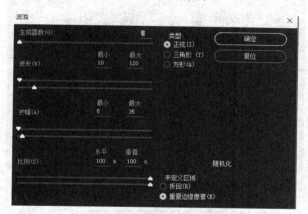

图 8-43 应用"波浪"滤镜

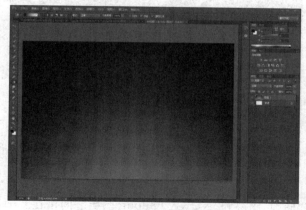

图 8-44 混合后的图像效果

（4）新建一个图层，在"图层2"中输入文字"DANGEROUS"，字体"Impact"，字号"24"，设置消除锯齿的方法为"浑厚"，如图8-45所示，选取录入的文字，按住"Alt"按"→"调整字母间的距离，之后按住"Ctrl"鼠标左键单击文字图层建立录入文字的选区，之后使用"滤镜"/"风格化"/"风"为其添加效果，如图8-46所示。

图 8-45　输入文字　　　　　　　　　　　　图 8-46　应用"风"滤镜

（5）新建一个"图层3"在图层中输入文字"NUKA Fallout"，字体"Courier"，字号"48"，颜色"白色"，如图8-47所示，之后再次新建一个"椭圆"图层，在图层中使用"椭圆工具"绘制出一个能够覆盖录入文字的椭圆，使用"滤镜"/"渲染"/"云彩"为椭圆添加效果，使用 Ctrl＋T 调整图形，如图8-48所示。

图 8-47　录入文字

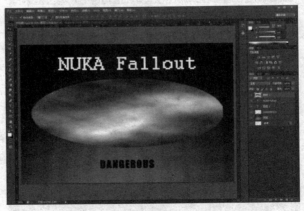

图 8-48　制作云彩底纹

（6）将鼠标放在"椭圆"图层和"NUKA Fallout"图层之间按住 Ctrl 并单击鼠标左键，使用"移动工具"适当调整椭圆位置制作出文字的效果，如图8-49所示。

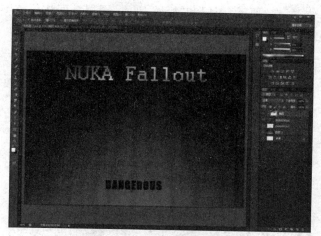

图 8-49　文字效果制作

（7）新建一个图层，使用"椭圆工具"，填充"无颜色"，描边"白色"，描边宽度"1.33"，描边类型"实线"，绘制一个椭圆，再次使用"椭圆工具"，按住 Shift 填充改为"白色"，其余不变，绘制一个圆，如图 8-50 所示，复制两次"椭圆"图层，使用 Ctrl＋T 调整椭圆和圆的位置和大小，合并图层，如图 8-51 所示。

图 8-50　填充的渐变色

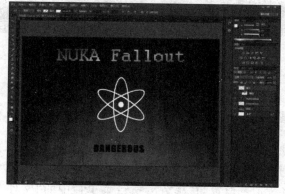

图 8-51　原子图层制作

（8）复制（5）中所制作的"椭圆"图层，使用 Ctrl＋T 调整"椭圆 副本"图层中椭圆的位置和大小,在调整图层位置,在"原子"图层和"椭圆 副本"图层之间按住 Alt 并单击鼠标左键制作原子的特殊效果,如图 8-52 所示。

图 8-52　设置原子的效果

(9)复制一次"原子"图层,使用"滤镜"/"风格化"/"浮雕效果"为"原子 副本"图层添加浮雕的效果,调整图层位置使其在"椭圆 副本"图层之上,调整"椭圆 副本"图层中图形的位置使图形整体显出层次,如图 8-53 所示。

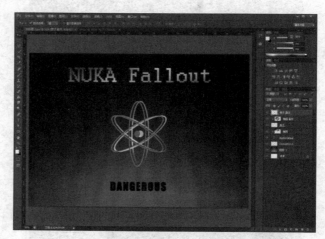

图 8-53　制作原子的层次

最后,按下 Ctrl＋S 快捷键,将该文件保存为"炫酷壁纸.psd"。

2. 制作特效图案

本任务主要采用滤镜工具完成一幅"水中墨迹"特效图案的制作,最终效果如图 8-54 所示。该图像的背景是通过"扭曲"滤镜工具组及调整图层来完成。

(1)在工具箱中将背景色设置为"黑色",执行菜单栏中的"文件"/"新建"命令,在打开的"新建"对话框中设置画布宽度为 10 厘米,高度为 10 厘米,分辨率为 150 像素/英寸,颜色模式为 RGB 颜色,背景为背景色,得到一个黑色背景的图像。

图 8-54 "水中墨迹"效果

（2）切换至"图层"面板，创建新的图层，命名为"图层 1"，单击调板底部的"添加新的填充或调整图层"按钮 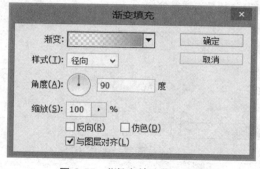，为图层 1 添加一个渐变调整图层，设置渐变从 100% 透明到 100% 不透明，如图 8-55 所示，得到如图 8-56 所示的图像效果。

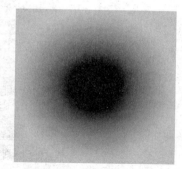

图 8-55 "渐变填充"对话框   图 8-56 填充渐变后效果

（3）在"图层"面板"图层 1"缩略图上的图层名称文字单击鼠标右键，在弹出的快捷键菜单中选择"栅格化图层"命令。"图层"面板如图 8-57 所示。

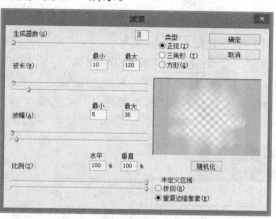

图 8-57 栅格化图层   图 8-58 "波浪"滤镜设置

（4）选中"图层1"，执行菜单栏中的"滤镜"/"扭曲"/"波浪"命令，弹出对话框，参数设置如图8-58所示。

（5）对此滤镜重复执行7次，或按下Ctrl＋F快捷键7次，得到如图8-59所示的效果，然后为"渐变填充1"图层添加图层样式"渐变叠加"，"渐变叠加"对话框设置如图8-60所示，其中"渐变"的颜色设为自定义，建议用对比色，这样过渡颜色较多。

图 8-59　重复执行 7 次滤镜命令

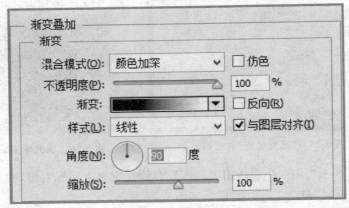

图 8-60　"渐变叠加"对话框

（6）将"渐变填充1"图层复制一份，生成名为"渐变填充1副本"的图层，将该图层的混合模式设为"柔光"，执行"编辑"/"变换"/"旋转90度（顺时针）"命令，再按两次Ctrl＋Shift＋Alt＋T组合键，执行再次复制变换命令。最终效果如图8-54所示。

最后，将该文件保存为"水中墨迹.psd"图像文件。

小　　　结

本项目我们学习了部分滤镜的效果和操作方法，并详细介绍了每个滤镜的参数和选项。使用滤镜或滤镜的组合可以创造出各种各样的效果，如果设置的参数和选项不同，就有可能产生差别极大的结果。在学习 Photoshop 时,读者要注意,不仅要学习单个工具的应用,也要学会工具和命令的综合应用。只有熟练地将工具箱、控制面板、滤镜和其他菜单命令结合使用,才能制作出更多更出色的效果。

习　题

一、选择题

1. 在执行滤镜命令时,如果需要重复执行上一步使用过的滤镜,并且需在其对话框中调整各项参数,可以按键盘中的(　　)组合键,显示其对话框。

    A. Shift＋Alt＋F   B. Ctrl＋Shift＋F

    C. Ctrl＋Alt＋F   D. Ctrl＋Tab＋F

2. 在运用滤镜命令处理图像时,如果需要重复上一次使用过的滤镜命令,可以按键盘中的(　　)组合键。

    A. Alt＋F   B. Ctrl＋F

    C. Shift＋F   D. Ctrl＋D

3. Photoshop 中提供的模糊滤镜命令可以处理图像的各种模糊效果。以下列举的(　　)命令可使图像以某一中心进行模糊。

    A. 进一步模糊   B. 动感模糊

    C. 径向模糊   D. 镜头模糊

4. 光照效果滤镜包含(　　)。

    A. 点光   B. 聚光灯

    C. 无限光   D. A、B、C

二、填空题

1. 玻璃滤镜可以模仿出玻璃的一些图案和纹理,主要包括 4 种纹理:_____、_____、_____和_____。

2. 最后一次应用的滤镜出现在"滤镜"菜单的最上方,若要重复此滤镜效果,执行该滤镜命令按钮或按键盘中的_____组合键即可。按_____组合键,可以弹出上一次执行的滤镜对话框设置。

3. 请列举 Photoshop 中最为常用的四种滤镜:_____、_____、_____和_____。

4. "滤镜"——"液化"命令的快捷键为_____。

5. _____可以适度降低照片(特别是旧照片)和扫描的图像中的一些杂色和划痕,从而达到修补图像的目的。

三、判断题

1. 动感模糊滤镜可以使图像中的主体产生一种动态效果,非常类似于使用数码相机以固定曝光时间给运动的物体拍照的效果。(　　)

2. 点状化滤镜的点状颜色效果取决于前景色。(　　)

3. 添加杂色滤镜可以模仿出在高速胶片上拍摄的效果,或者模拟电视信号受到干扰或

丢失信号时的效果。（　　）

4. 滤镜只能应用于当前可见图层，且可以反复应用，连续应用，但一次只能应用在一个图层上。（　　）

5. 如果在滤镜对话框中对自己调节的效果感觉不错，希望恢复调节前的参数，可以按住 Shift 键。（　　）

四、简答题

1. 渲染滤镜组包含哪几个滤镜，分别具备什么功能？

2. 谈谈你对液化滤镜的认识。

3. 滤镜工具有哪些使用技巧？

4. 谈谈你对像素化滤镜的认识。

5. 模糊滤镜有哪些？其各个滤镜的作用分别是？

五、上机练习

应用滤镜相关知识完成一幅雪景图案，如图 8-61 所示。

图 8-61　雪景调整后效果

制作提示：本任务要运用滤镜效果对图片进行处理，并通过添加图层样式完成最终效果。

参考步骤：

（1）打开素材文件。按下 Ctrl＋O 快捷键，打开图片"雪景.jpg"，如图 8-62 所示。

图 8-62　打开"雪景.jpg"图像

（2）打开绿色通道。打开一个绿色通道，并复制一个绿色通道，如图 8-63 所示。

图 8-63　复制绿色通道

（3）对绿副本执行"滤镜"/"艺术效果"/"胶片颗粒"命令，如图 8-64 所示。

（4）设置"胶片颗粒"的参数，如图 8-65 所示。

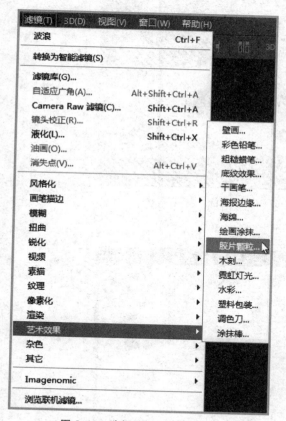

图 8-64　选择"胶片颗粒"命令

图 8-65　设置"胶片颗粒"参数

（5）回到图层，新建图层 1，执行"选择"/"载入选区"命令，通道选择"绿副本"，执行后如图 8-66 所示。

（6）填充白色，取消选区，如图 8-67 所示。

图 8-66　"载入选区"效果

图 8-67　填充白色

（7）添加图层样式，参数如图 8-68 所示。

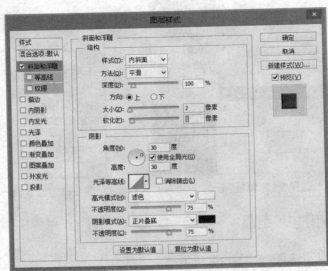

图 8-68　添加图层样式

（8）最终完成效果如图 8-69 所示。

图 8-69　雪景效果

（9）保存文件。按下 Ctrl＋S 快捷键，将该文件保存为"雪景 . psd"。

9 项目9
Chapter 9 色彩与色调调整

>>> **学习目标**

1. 了解 Photoshop 中的色调调整工具种类。
2. 学会使用不同色调调整工具调整图像色调,实现不同图像效果。
3. 学会不同的色彩调整命令的特性和使用范围。

图像色彩与色调调整是 Photoshop 中又一组神奇的工具,颜色是图像传达思想的重要载体,通过色彩与色调调整工具变换图像的色彩与色调,能够打造图像的梦幻、悬疑、怀旧、科技等特殊效果。色调调整工具的应用丰富了 Photoshop 的功能,也极大地方便了用户的图像编辑和设计,为用户通过图像色彩与色调表达思想提供了便利。

任务 1 制作神秘蓝色效果图像

| 任务分析 |

本任务主要使用色调调整工具以及滤镜工具调整图像的明度与色调,营造神秘效果,如图 9-1 所示。本任务主要用到"色阶"命令改变图像明度与色调。

图 9-1 图像调整前后效果

任务知识

在图像色彩与色调调整的操作中,有一些基本概念,其中"色相"是指颜色的种类,每一种色相就是一种颜色,通俗地讲,调整色相就是调整颜色;"色调"是指图像中颜色的总体明暗程度;"饱和度"是指色彩的纯净、饱和的程度;"明度"可以理解为图像中色彩明暗、浓淡的程度;"对比度"指图像中不同颜色之间的差异程度。另外,学习色彩调整还要了解什么是直方图、色阶等。

1. 直方图

首先打开 3 幅图像素材,如图 9-2 所示。在菜单栏中单击"窗口"菜单,在弹出的下拉菜单中,选择"直方图",打开"直方图"面板。

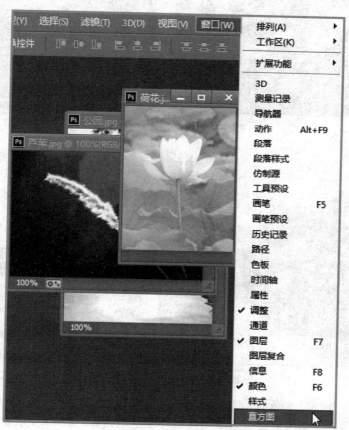

图 9-2　打开"直方图"面板

选择"荷花.jpg"文件,可以看到在"直方图"面板中"荷花.jpg"文件的山峰左侧有一些高,右侧则有一些低,如图 9-3 所示。

选择"芦苇.jpg"图片文件,发现左侧山峰非常高,中间山峰则非常低,如图 9-4 所示。

选择"公园.jpg"图片文件,公园图片的山峰形成两侧高中间低形状,如图 9-5 所示。

这是怎么回事呢? 这是因为直方图是根据每个图像中像素的分布来进行描绘的。

图 9-3 "荷花"图片直方图

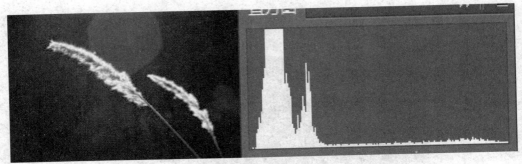

图 9-4 "芦苇"图片直方图

图 9-5 "公园"图片直方图

使用"图像"/"调整"/"色阶",我们可以在"色阶"对话框中看到完全一样的直方图,在"色阶"对话框中,直方图的底部有表示明度的 3 个滑动按钮,如图 9-6 所示。

不同明度的 3 个滑动按钮所在的横轴表示的是从暗到明的横坐标,左侧是较暗的像素,右侧则是较亮的像素,横坐标是与对话框下部的"输出色阶"色带(黑白颜色条)相对应。直方图上峰值高度,就是指对应横轴上某亮度的像素的数量,当峰值很高时,则表示这种明度的颜色的像素数比较多。反之,当峰值较低则表示图像中对应横轴上亮度的像素比较少。

上面的芦苇图像中,黑暗的部分占了大多数,而非常亮的部分和中间灰的部分则比较少,那么表现在直方图中的就是左侧(表示比较暗的像素的这一部分)是非常高的,而越往右

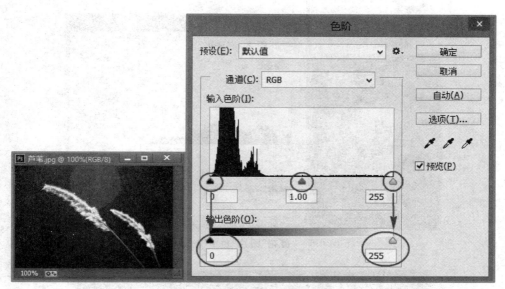

图 9-6　"芦苇"图片"色阶"对话框

则越低。

　　在"公园"图中非常暗的像素是很多的，非常亮的像素也是很多的，而中间灰部分像素则比较少，那么表现在直方图中的就是左侧和右侧的山峰比较高，而中间比较低，这是因为中间灰的像素比较少，如图 9-7 所示。

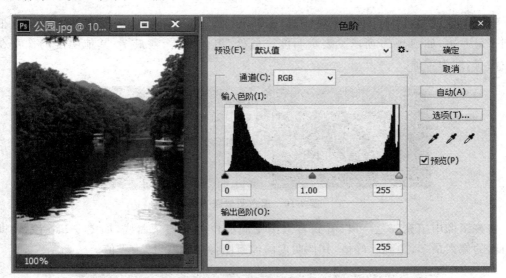

图 9-7　"公园"图片"色阶"对话框

　　在荷花这张图片中，中间的明度比较多，所以中间比较高两边比较低，如图 9-8 所示。

　　打开素材文件中"白纸 .jpg"图像文件，并打开对应的"直方图"面板，如图 9-9 所示。

　　可以看到对应的直方图中最右侧有一根线，因为整个图像都是完全的白，所以所有的像素都是最亮的像素，从而在直方图中右侧就形成了这样一根线（最高的峰值）。表示明度最高处（白色）的像素最多，其他明度的像素在图像中没有，即为零值。

图 9-8 "荷花"图片"色阶"对话框

图 9-9 白色图像直方图

将该图像反向(按下 Ctrl＋I 快捷键)选择,图像全部由黑色填充,因此直方图中这根线挪到了最左边,如图 9-10 所示。表示明度最低处(黑色)的像素最多,其他明度的像素在图像中没有,即为零值。

图 9-10 黑色图像直方图

向该图像中填充灰色,可以看到直方图中间的位置有一条白线,如图 9-11 所示。即该处明度的像素最多,达到了峰值,其他明度的像素图像中没有,即为零值。

图 9-11 灰色图像直方图

由此可以了解"直方图"中表示的不是图像中哪里的像素是明或哪里像素是暗,而是表示图像中明、暗像素所占比例。

2. 色阶

在菜单栏中单击"图像"/"调整"/"色阶"命令(快捷键为 Ctrl＋L),打开"色阶"对话框,如图 9-12 所示。

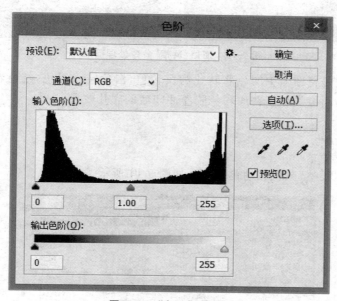

图 9-12　"色阶"对话框

"色阶"对话框中,图像的亮度分为 0～255 阶,阶数越大,亮度就会越大,"输出色阶"图框中,偏暗的亮度位于左边,偏亮的亮度位于右边。

(1) 输入色阶:可使用它来增加图像的对比度,直方图下面靠左的黑三角用来增加图像中暗部的对比度,右边的白色三角用来增加图像中亮部的对比度,中间的灰色三角用来控制 Gamma 值,Gamma 值用来衡量图像中间色调的对比度,调整它可以改变图像中间色调的亮度值,但不会对暗部和亮部有太大的影响。

(2) 输出色阶:可使用它来衡量图像的对比度,黑色三角用来降低图像中暗部的对比度,白色三角用来降低图像中亮部的对比度。

(3) 通道的下拉列表中可以选择颜色通道,分别为 RGB 通道、红通道、绿通道、蓝通道。在某一个颜色通道中进行亮度和对比度的调整后,可以使图像在单个颜色的亮度上产生变化。

(4) 🖋🖋🖋:利用这 3 个吸管工具直接单击图像,可以在图像中以取样点作为图像的最亮点、灰平衡点和最暗点。

3. 色彩反相

选择"图像"/"调整"/"反相"命令(快捷键 Ctrl＋I)可以将图像中的颜色按其现有颜色的补色进行显示,产生类似照片底片的效果。黑白图片进行反相处理将得到底片效果;彩色图片进行反相处理,将会使各颜色转化为补色,如图 9-13 所示。

图 9-13　使用"反相"命令处理前后

"反相"命令就是将图像中的色彩转化为反转色,白色转为黑色,红色转为青色,蓝色转为黄色。处理后的图像类似于普通彩色胶卷冲印后的底片效果。

4. 色调均化

选择"图像"/"调整"/"色调均化"命令,如图 9-14 所示。

图 9-14　"色调均化"命令

当选择此命令时,Photoshop 会寻找图像中最亮和最暗的像素值并且平均所有的亮度值,使图中最亮的像素代表白色,最暗的像素代表黑色,中间各像素值按灰度重新分配,如图 9-15所示。

图 9-15　执行"色调均化"命令后

5. 阈值

选择"图像"/"调整"/"阈值"命令,打开"阈值"对话框,如图 9-16 所示。

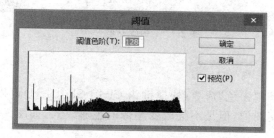

图 9-16　"阈值"对话框

"阈值"命令可以将一张灰度图像或彩色图像转变为高对比度的黑白图像。可以指定亮度值作为阈值,图像中所有亮度值比阈值小的像素都将变为黑色,所有亮度值比阈值大的像素都将变成白色。数值范围为 1~255,当为 1 时,为全白;当为 255 时,为全黑。可以通过调节数值来确定去掉多少中间色,如图 9-17 所示。

图 9-17　使用"阈值"前后对比

6. 色调分离

选择"图像"/"调整"/"色调分离"命令,打开"色调分离"对话框,如图 9-18 所示。

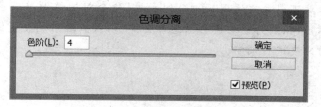

图 9-18　"色调分离"对话框

"色调分离"可以为图像的每个颜色通道定制亮度级别,然后将其余色调的像素值定制为接近的匹配颜色,范围是 0～255。

"色阶"选项中输入不同的色阶值,可以得到不同的效果。数值越小,图像色彩变化越强烈;数值越大,图像色彩变化越细微。

将"红苹果.jpg"图片进行色调分离,效果如图 9-19 所示。

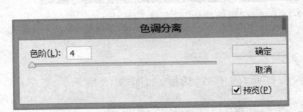

图 9-19　色调分离效果

7. 去色

选择"图像"/"调整"/"去色"命令(快捷键为 Ctrl＋Shift＋U)可以去除图像中的色彩饱和度,将图像转化为灰度图像,但是不会改变图像的色彩模式,如图 9-20 所示。

图 9-20　使用"去色"命令后的效果对比

注意:运用"去色"命令处理后的图像与直接运用"图像"/"模式"/"灰度"命令转换的图像虽然都呈现灰色显示,但不同的是,运用"去色"命令处理的图像不会改变图像的颜色模式,只是因为颜色的饱和度都降为"0%"而变为灰色,并且该命令只作用于当前工作图层中的图像或者是当前选区内的图像。另外,运用"去色"命令处理的图像依然可以再次运用"色相\饱和度"命令对图像做单一色调的调整,而灰度模式就不可以,因为它的色彩信息都丢掉了,只能运用调整图像明暗的命令,对其亮度和对比度进行调整。

| 任务实施 |

(1) 打开素材文件"色阶女孩.jpg",如图 9-21 所示。

图 9-21 原图效果

（2）在菜单栏中单击"图像"菜单，在其下拉菜单中单击"调整"，选择"色阶"命令，或按下 Ctrl＋L 快捷键，打开"色阶"对话框。使用鼠标向左拖动中间明度灰色按钮，如图 9-22 所示，图像变亮。

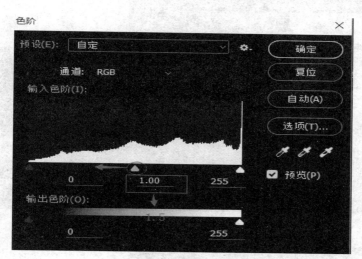

图 9-22 调整图片明度

如图 9-22 所示，在默认状态下，灰色按钮与黑色按钮之间的区域称为"黑场"，灰色按钮与白色按钮之间的区域称为"白场"。当灰色按钮向左移动后，原来黑场中对应的明度的像素就被设置到白场中，因此明度提高，图像对应地也就变亮了，如图 9-23 所示。

同理，若将灰色按钮向右侧拖动，那么对应白场中一定明度的像素将调成到黑场中，明度降低，由此整幅图片也就跟着变暗了。

（3）在"色阶"对话框中，设置"通道"为"红"。使用鼠标向右拖动中间明度灰色按钮，此时红色通道明度降低，因此图像中进入的红色减少，图像偏绿色，如图 9-24 所示。

（4）同样在"色阶"对话框中，选择"通道"为"绿"。使用光标向右拖动中间明度灰色按钮，此时红绿通道明度降低，因此图像中进入的绿色减少，图像变为偏蓝色，如图 9-25 所示。

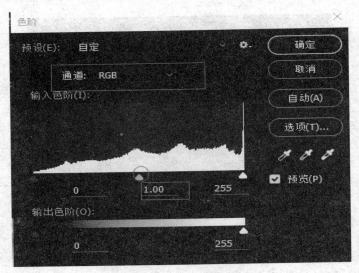

图 9-23 "色阶"调整

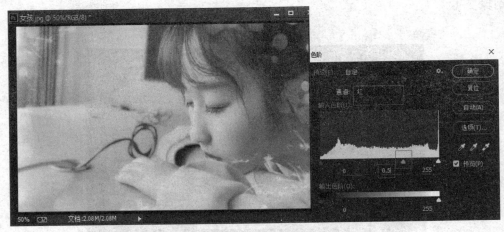

图 9-24 设置红色通道明度

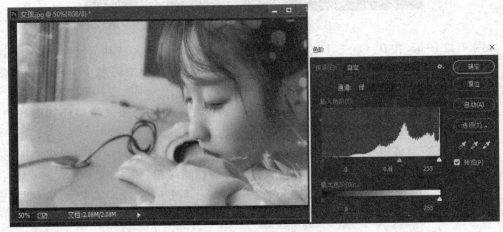

图 9-25 设置绿色通道明度

（5）仍然是在"色阶"对话框中，选择"通道"为"蓝"。使用光标向左拖动中间明度灰色按钮，此时红绿通道明度提高，因此图像中进入的蓝色增加，图像变为蓝色，如图 9-26 所示。

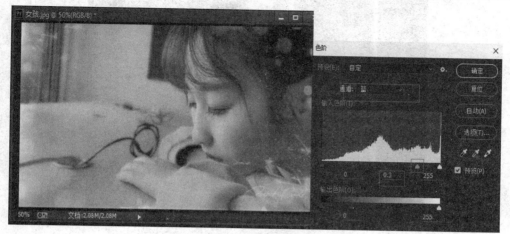

图 9-26 设置蓝色通道明度

（6）新建图层 1，并在其中填充黑色，在菜单栏中单击"滤镜"菜单，在其下拉菜单中单击"杂色"/"添加杂色"，如图 9-27 所示。

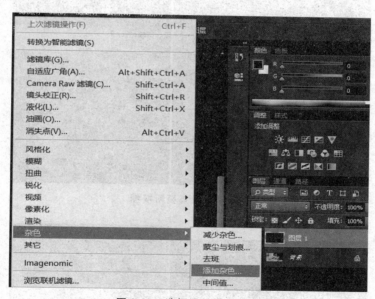

图 9-27 选择添加杂色命令

（7）在弹出的"添加杂色"对话框中设置杂色数量为 350，并选择"平均分布"和"单色"，如图 9-28 所示。

（8）在"图层 1"中填充黑色，在菜单栏中单击"滤镜"菜单，在弹出的下拉菜单中单击"模糊"/"高斯模糊"，在对话框中设置参数，如图 9-29 所示。

（9）再次打开"色阶"对话框。将黑色按钮和白色按钮都拖拽到灰色按钮处。使原来黑场中的亮度为灰色的像素都变成亮度最低的黑色，使原来白场中的亮度为灰色的像素都变成亮度最高的白色（即黑的更黑，白的更白），如图 9-30 所示。

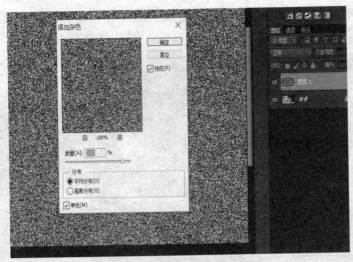

图 9-28　图层 1 中添加杂色

图 9-29　设置高斯模糊

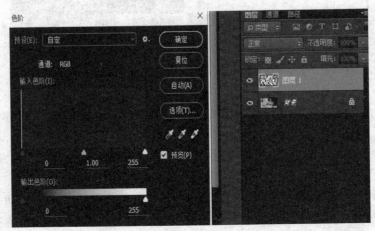

图 9-30　调整色阶将图像中的灰色调整为白色和黑色

（10）设置"图层 1"的图层混合模式为"划分"，并且设置该"图层 1"的不透明度为 55％，如图 9-31 所示。

图 9-31　设置图层混合模式与不同明度

（11）选中图层 1，选择"滤镜"/"模糊"/"动感模糊"命令，在对话框中设置参数，如图 9-32 所示。

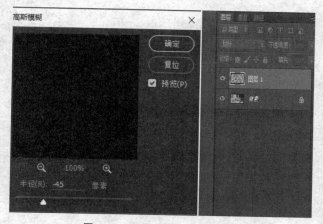

图 9-32　设置"动感模糊"参数

（12）为"图层 1"添加蒙版，使用画笔工具，设置前景色为黑色，在蒙版中涂抹，将脸部的白光遮挡住，如图 9-33 所示。

图 9-33　添加图层蒙版

到此,为图片添加神秘蓝色效果制作完成。

任务2　制作柔美秋季图

| 任务分析 |

本任务是使用色调调整工具制作一幅柔美秋季图像,如图9-34所示。本任务主要用"色相/饱和度"命令改变高光区域的颜色,用"曲线"命令改变图像暗部的色调,用"颜色替换"命令改变可选颜色,用"填充颜色"命令增加图像神秘感等。

图9-34　制作前后效果对比图

| 任务知识 |

1. 色相/饱和度

选择"图像"/"调整"/"色相/饱和度"命令或按下Ctrl+U快捷键,打开"色相/饱和度"对话框如图9-35所示。

(1)"色相/饱和度"命令可以对整个图像中的单一通道或选区范围中的图像进行色相、饱和度和明度的调整。

(2)色相:是光谱中显示出来的除黑、白、灰等非彩色的能被人眼识别的其他颜色。拖动色相滑块,可以更改所选颜色范围的色相,调节范围是-180~180。

(3)饱和度:指色相的饱和度,即浓度。拖动饱和度滑块,向左是降低所选颜色的饱和度,向右是增强所选颜色的饱和度,调节范围是-100~100。

(4)明度:指颜色的明亮和灰暗的程度。亮度的最高是白色,最低是黑色。向左拖动滑块,可以降低所选颜色范围的亮度;向右是提高亮度,调节范围是-100~100。

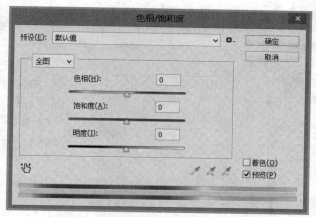

图 9-35 "色相/饱和度"对话框

（5）预设：该下拉列表框中提供各种颜色选择，可以选择一种颜色进行单独调整。选中某一色彩时，意味着只针对图像中的这一部分色彩进行调整。

（6）着色：选中该复选框，图像颜色会变为前景色的色相。

（7）吸管工具：当用户在菜单中选择某一单项颜色时，吸管工具会变成可用状态，用来设定图像的色彩范围。选择第一个吸管按钮，在图像中单击可以确定颜色的调整范围；选择第二个吸管按钮，在图像中单击可以增加所调颜色的范围；选择第三个吸管按钮，在图像中单击可以减少所调颜色的调整范围。

图 9-36 所示为执行"色相/饱和度"命令之后的效果。

图 9-36 执行"色相/饱和度"命令后效果对比

2. 曲线

"曲线"命令和"色阶"命令类似，都是用来调整图像的色调范围，不同的是"色阶"命令只能调整亮部、暗部和中间灰度，而曲线命令可调整灰阶曲线中的任何一点。选择"曲线"命令，打开"曲线"对话框，如图 9-37 所示。

"曲线"对话框中各参数含义如下。

（1）通道：选择要进行调整的通道，包括红通道、绿通道、蓝通道。

（2）输入：底部横坐标显示输入的像素值。

（3）输出：左侧纵坐标显示调整后输出的像素值。

（4）自动：执行自动曲线命令。

（5）⬚按钮：激活此按钮，可以通过在曲线上添加点的方式对图像进行调整。

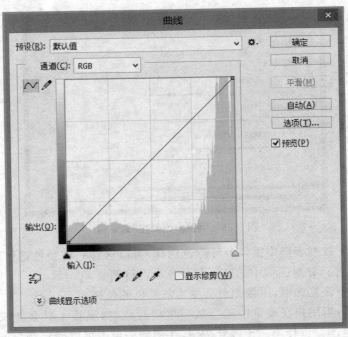

图 9-37　"曲线"对话框

(6) 按钮：激活此按钮，可以通过绘制直线的方式对图像进行调整。

(7) 取样吸管工具：自左向右依次为黑场、中间灰点和白场。

(8) 预设：是指软件本身所带的一些已经确定好的输入、输出值。

(9) "平滑"按钮：单击此按钮，可以使图像的颜色变得平缓柔和。只有在激活按钮时，才能使用。

注意：在"曲线"对话框中，更改曲线的形状，可以改变图像的色调和颜色，在默认的情况下，对于 RGB 模式的图像，将曲线向上弯曲会使图像变亮，将曲线向下弯曲会使图像变暗。

(1) 系统默认的状态下曲线形状是 45°的倾斜直线。可以使用鼠标在这条直线上单击并拖拽来调整添加的点，从而改变曲线的形状。如果要删除添加的调整点，按下 Ctrl 键的同时单击即可。

(2) 当曲线向左上角弯曲时，图像变亮；当曲线向右下角弯曲时，图像变暗。

(3) 按下 Alt 键的同时在曲线表格单击，可以让曲线表格显示更加密集，这有利于准确地编辑曲线的形状。

3. 色彩平衡

"色彩平衡"命令可以用来控制图像的颜色分布，使图像整体达到色彩平衡。该命令在调整图像的颜色时，根据颜色的补色原理，要减少某个颜色，就增加这种颜色的补色。色彩平衡命令计算速度快，适合调整较大的图像文件，或按下 Ctrl＋B 快捷键也可打开"色彩平衡"对话框，如图 9-38 所示。

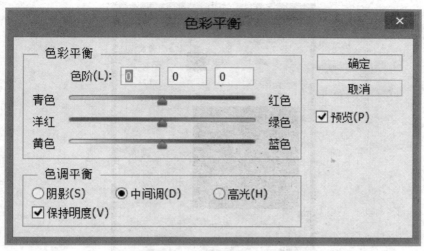

图 9-38　"色彩平衡"对话框

色彩平衡命令,能进行一般性的色彩校正,它可以改变图像颜色的构成,但不能精确控制单个颜色,只能作用于复合颜色。

"色彩平衡"对话框中,有"青色、红色""洋红、绿色""黄色、蓝色"3 组互补色可供选择,当增加一种颜色时,另一种颜色也会随之减少,用于调节图像中的色差。可以直接通过输入色阶值来改变颜色,也可以通过移动滑块来改变颜色值。"色彩平衡"调整前后效果对比如图 9-39 所示。

阴影:调整后的效果对于图像暗部来说是比较明显的。

中间调:调整后的效果对于图像中间调来说是比较明显的。

高光:调整后的效果对于图像的亮部来说是比较明显的。

图 9-39　"色彩平衡"调整前后效果对比

4. 替换颜色

执行"图像"/"调整"/"替换颜色"命令,打开"替换颜色"对话框,如图 9-40 所示。

首先需要设定"容差",然后用"吸管"工具在图像中取色,用吸管工具在图像中需要改变颜色的位置单击,"替换颜色"对话框中的白色区域就是选中的区域,即所要替换的颜色,最后拖动滑块调整所选区域的色相、饱和度或明度。"替换颜色"前后效果对比如图 9-41 所示。

图 9-40　"替换颜色"对话框

◆ 吸管工具:此吸管工具的运用方法与上边讲到的"色相/饱和度"对话框中的吸管工具完全相同,它是用来控制颜色的选取范围的。

◆ 颜色容差:用来控制颜色的选择范围。

◆ 颜色:用于显示所选颜色调整之前的效果。

◆ 结果:用于显示所选颜色调整之后的效果。

图 9-41　"替换颜色"前后效果对比

5. 渐变映射

选择"图像"/"调整"/"渐变映射"命令,打开"渐变映射"对话框,如图 9-42 所示。使用"渐变映射"前后对比效果如图 9-43 所示。

仿色:该选项可以使颜色过渡得更均匀。

反向:可以使渐变过渡反向进行。

"渐变映射"命令可以将一幅图像的最暗色调映射为一组渐变色的最暗色调,将图像最亮色调映射为一组渐变色的最亮色调,从而将图像的色阶映射为这组渐变的色阶。可以利用该命令将黑白照片调整为彩色怀旧的照片。

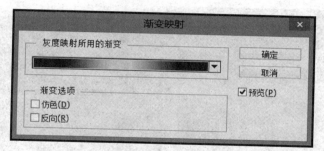

图 9-42 "渐变映射"对话框

图 9-43 使用"渐变映射"前后对比

|任务实施|

（1）打开素材文件"婚纱照.jpg"，如图 9-44 所示。

图 9-44 原图

（2）在菜单栏中单击"图像"/"调整"/"色相/饱和度"命令，打开"色相/饱和度"对话框。向右拖动色相滑块，调整图像颜色，如图 9-45 所示。

（3）在"色相/饱和度"对话框中分别对绿、青、黄通道进行调整，如图 9-46、图 9-47 和图 9-48 所示，为图像增加黄色。

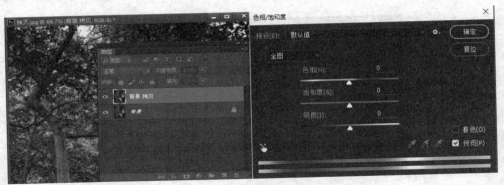

图 9-45　调整色相/饱和度

图 9-46　对绿色通道进行色相和饱和度调整

图 9-47　对青色通道进行色相和饱和度调整

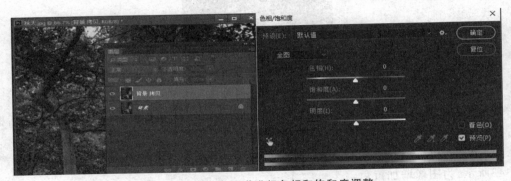

图 9-48　对黄色通道进行色相和饱和度调整

（4）在菜单栏中单击"图像"/"调整"/"曲线"命令，打开"曲线"对话框。首先选择"绿"通道，单击并拖动曲线，如图 9-49 所示，调整绿色在图像中的亮度。

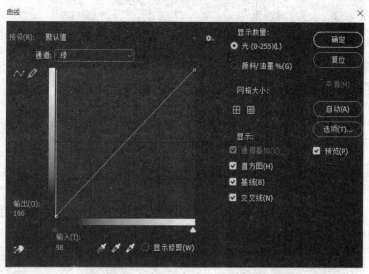

图 9-49　调整绿色通道中的明度

然后分别调整红色通道的明度和 RGB 的明度，如图 9-50 和图 9-51 所示。

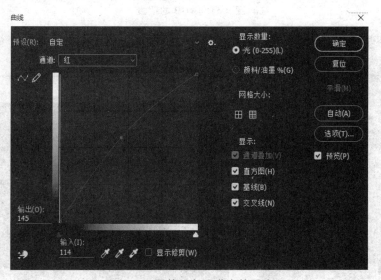

图 9-50　调整红色通道中的明度

曲线调整完毕后，得到如图 9-52 所示效果。

（5）在菜单栏中单击"图像"/"调整"/"色彩平衡"命令，打开"色彩平衡"对话框。分别对高光、中间调、阴影进行调整，设置参数如图 9-53、图 9-54 和图 9-55 所示，这一步是为了增加暗部的褐色。

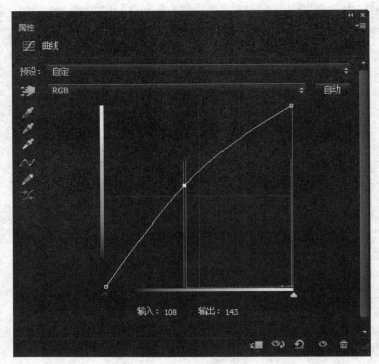

图 9-51　RGB 的明度

图 9-52　使用曲线后

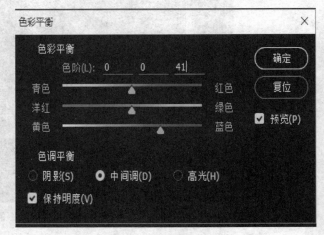

图 9-53　设置高光区色彩

（6）使用选择工具"椭圆选区工具"选中脸部区域,在菜单栏中单击"图像"/"调整"/"色阶"命令,打开"色阶"对话框,调整脸部亮度。如图 9-56 所示。

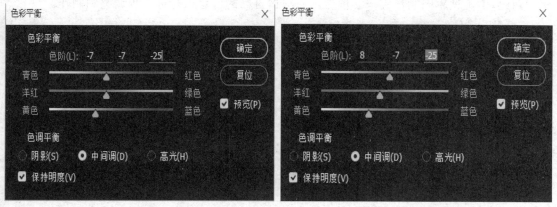

图 9-54 设置中间调色彩   图 9-55 设置阴影区色彩

图 9-56 调整"色阶"

（7）再次打开"色相/饱和度"对话框。调整图像整体的饱和度和亮度，这里降低图像的饱和度和明度，做出朦胧柔美效果。设置参数如图 9-57 所示。

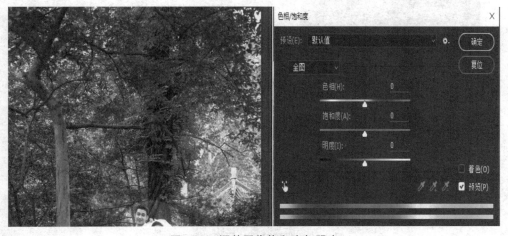

图 9-57 调整图像饱和度与明度

到此,柔美秋季图制作完毕。读者可以根据自己的创意进行进一步调整和制作。

任务3　制作异域花朵

┃任务分析┃

本任务是使用色调调整工具制作一幅异域花朵图像,如图 9-58 所示。首先对图像颜色进行调整,对图像色相饱和度进行调整,并通过改变可选颜色对图像暗部进行调整,最后对背景进行锐化和模糊处理。

┃任务知识┃

1. 可选颜色

选择菜单栏"图像"/"调整"/"可选颜色"命令,打开"可选颜色"对话框,如图 9-59 所示。调整图像前后对比效果如图 9-60 所示。

图 9-58　最终效果

图 9-59　"可选颜色"对话框

图 9-60　调整前后的图像效果对比

"可选颜色"命令可以调整颜色的平衡,可以对不同色彩模式进行分通道调整颜色。

颜色:对调整的原色进行选择。

通过拖动"青色""洋红""黄色""黑色"下的滑块,可以针对选定的颜色调整 CMYK 值来修正原色的数量和色偏,范围是 $-100\%\sim+100\%$。

方法:"相对"选项是以原来的 CMYK 值总数量的百分比来计算调整颜色,"绝对"选项是以绝对值的形式调整颜色。

在"颜色"列表中选择要修改的颜色,然后拖动相应的滑块来改变颜色的组成。

选择"图像"/"调整"/"可选颜色"命令,在"可选颜色"面板中设置参数如图 9-61 所示。

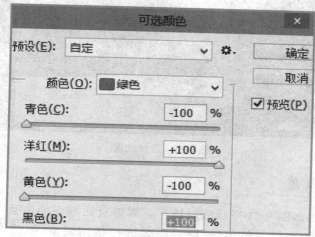

图 9-61　设置"可选颜色"参数

然后,选择"图像"/"调整"/"替换颜色"命令,在"替换颜色"对话框中设置参数如图 9-62 所示。

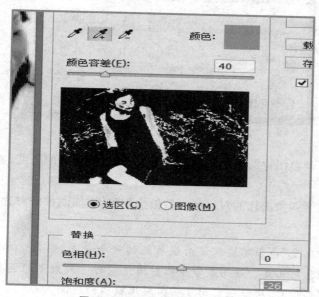

图 9-62　设置"替换颜色"参数

最后,选择"色相/饱和度"命令,将图像进行微调,在此不再赘述,图像最终效果如图 9-63 所示。

图 9-63　最终效果

2. 亮度/对比度

执行此命令弹出如图 9-64 所示的对话框。调整对话框中的参数可以对整体或选取图像的亮度和对比度进行调整,它只能对图像进行整体调整,不能对特定的颜色进行调整。

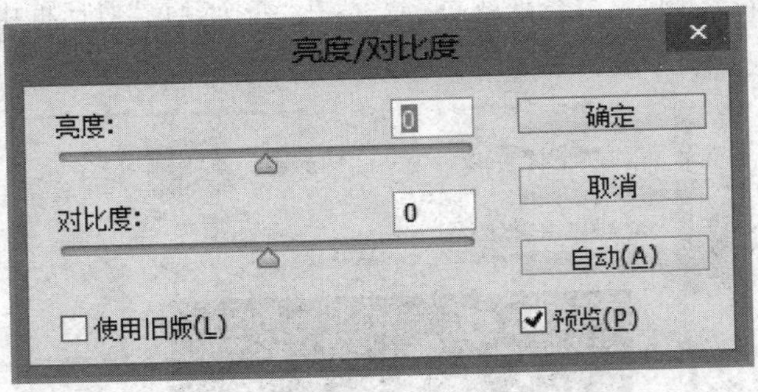

图 9-64　"亮度/对比度"对话框

亮度选项:用于调整图像的亮度。数值为正值时,增加图像的亮度;数值为负值时,降低图像的亮度。

对比度选项:用于调整图像的对比度。数值为正时,增加图像的对比度;数值为负值时,降低图像的对比度。

注意:"亮度/对比度"命令其实就是曲线功能的一个分支,用来简单地增加或减少图像亮度和颜色对比度。运用该命令能对图像进行一般效果的调整,不如"曲线"命令调整得那么细致,所以经常用于明暗对比较弱的图像。

3. 照片滤镜

选择"图像"/"调整"/"照片滤镜"命令,打开"照片滤镜"对话框,如图 9-65 所示。

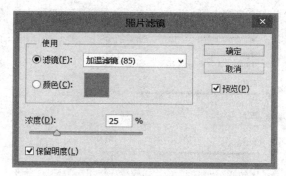

图 9-65 "照片滤镜"对话框

"照片滤镜"命令用于模仿在相机镜头前面加色彩滤镜,以调整通过镜头传输的光的色彩平衡和色温,使胶片曝光,还允许选择预设的颜色,如图 9-66 所示。

其中,各个参数的含义如下所示:

使用:选中"滤镜"后,可以在其下拉列表中预设滤镜效果。

浓度:用于控制着色的强度。

保留明度:选中该项,可以在使用滤镜效果的时候保持图像原来的明暗程度。

图 9-66 使用"照片滤镜"的效果对比

4. 通道混合器命令

执行"图像"/"调整"/"通道混合器"命令,打开"通道混合器"对话框,如图 9-67 所示。

输出通道:设置要调整的色彩通道,并在其中混合一个或多个现有通道,不同的色彩模式文件有不同的选项设置。

源通道:用来指定需要合成的通道,包括红色、绿色和蓝色三个通道。在这三个通道中可以通过拖拽滑块或在文本框中直接输入数值,来控制通道颜色在"输出通道"中所占的百分比。

常数:用来控制"输出通道"的互补颜色成分。如果数值为负值,相当于增加了该通道的互补色;如果数值为正值,则相当于减少了该通道的互补色。

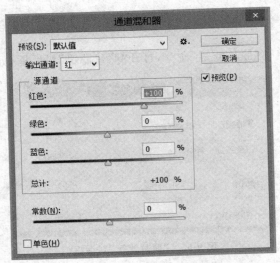

图 9-67　"通道混合器"对话框

注意："通道混合器"命令只能作用于 RGB 和 CMYK 颜色模式的图像，并且只有在选中了主通道后才能运用该命令，只选择 RGB 和 CMYK 中的单一原色通道都不可以。

5. 变化

Photoshop 还提供了"傻瓜"型的调整图像色彩的方法，即"变化"命令。它没有设置调整参数，只凭眼光来判断得到的效果，"变化"命令常用来对图形进行不太精确的色彩调整。

选择"图像"/"调整"/"变化"命令，打开"变化"对话框，如图 9-68 所示。

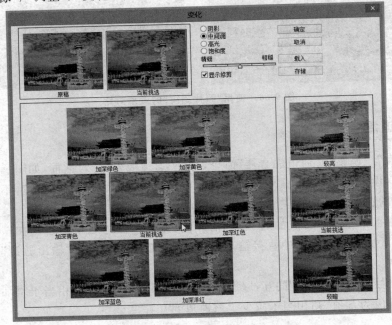

图 9-68　"变化"对话框

（1）直接单击各种颜色的缩览图，即可添加此种颜色。

（2）在对话框中选择要调整图像的色彩区域，其中有"暗调""中间色调""高光"和"饱和度"4个选项，选择一个选项，调整相应区域的色彩，如选中"暗调"则对图像的暗色调区域进行调整，选中"中间色调"则对图像的中间色调进行调整。

（3）在对话框中使用"精细—粗糙"滑块，调整图像色彩的亮度，滑块越偏向"精细"侧，每次单击调整图像的亮度越精细；滑块偏向粗糙侧，每单击一次时调整图像色彩时，其变化就非常大。

（4）当调整图像的"饱和度"时，如果选择"显示修剪"复选框，将在"饱和度更高"缩览图上面标识出不能输出的颜色区域。

（5）改变图像色彩时，也可以选择图像的一部分进行修改。

6. 匹配颜色

选择"图像"/"调整"/"匹配颜色"命令，打开"匹配颜色"对话框，如图9-69所示。

"匹配颜色"命令可以在多个图像、图层或色彩选区之间进行颜色匹配。

图9-69　"匹配颜色"对话框

明亮度：调整图像的亮度。

颜色强度：调整图像中色彩的饱和度。

渐隐：可以控制应用到图像的调整量。

中和：选中该复选框，可以自动消除目标图像中色彩的偏差。

7. 阴影/高光

"阴影/高光"命令不是简单地使图像变亮或变暗，而是将暗调范围内的像素变亮，将亮调范围内的像素变暗。该命令允许分别控制图像的暗调（阴影）和亮调（高光）范围。"阴影/

高光"对话框如图 9-70 所示。

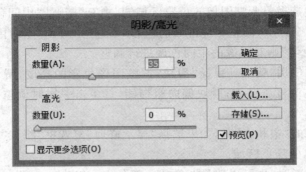

图 9-70 "阴影/高光"对话框

如果在"阴影/高光"对话框中选择左下角的"显示更多选项"复选框,则会显示出更多的参数,如图 9-71 所示。

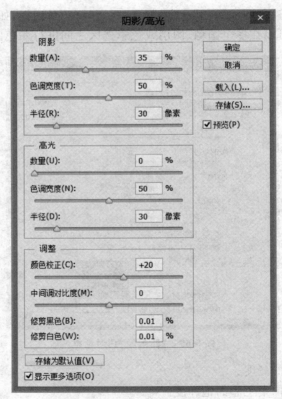

图 9-71 "阴影/高光"多选项

（1）对于图像的阴影而言,"色调宽度"越大,则阴影的范围的亮度越高,"半径"越大,阴影范围的亮度越低;对于"高光"而言,"色调宽度"越大,则高光的范围亮度越低,"半径"越大,高光的范围亮度越大。

（2）颜色校正:主要用于控制图像的饱和度（类似于"色相/饱和度"中的"饱和度"参数）而"中间调对比度"则主要用于控制图像的对比度大小。

（3）"修剪黑色"和"修剪白色"主要用于提高图像的整体对比度,实际上与黑场和白场的概念有些相似。"修剪黑色"的数值越大,则图像中的暗调会越多;"修剪白色"数值越大,则图像中的亮调会越多。

注意:"修剪黑色"与"修剪白色"两个参数在"色阶"和"曲线"对话框中也同样存在,单击这两个对话框中的"选项"按钮,弹出"自动校正颜色选项"对话框,就可以看到这两个参数,其含义与此相同。

任务实施

(1) 打开图片,如图 9-72 所示。在菜单栏中单击"图像"/"调整"/"可选颜色"命令,打开"可选颜色"对话框。在其中分别设置"黄""绿""白""中间灰"4 种颜色的值,参数设置如图 9-73、图 9-74、图 9-75 和图 9-76 所示。

图 9-72　原图

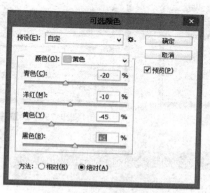

图 9-73　设置黄色

图 9-74　设置绿色

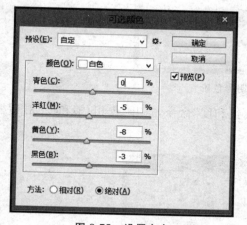

图 9-75　设置白色

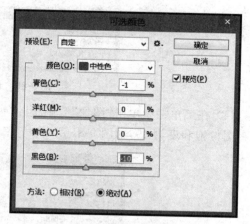

图 9-76　设置中间灰

(2) 调整亮度对比度,在菜单栏中单击"图像"/"调整"/"亮度/对比度"命令,打开"亮度/对比度"对话框,设置参数如图 9-77 所示。

(3) 在菜单栏中单击"图像"/"调整"/"色彩平衡"命令,打开"色彩平衡"对话框,分别设置高光、中间调和阴影的色阶,设置参数如图 9-78、图 9-79 和图 9-80 所示,这时图片呈现出一种古典的紫色。

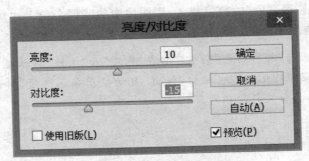

图 9-77　设置"亮度/对比度"参数

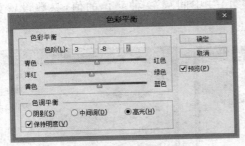

图 9-78　设置高光色阶

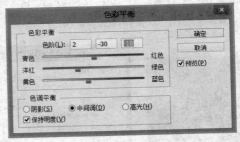

图 9-79　设置中间调色阶

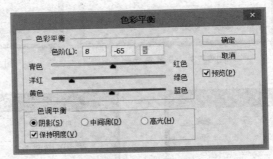

图 9-80　设置阴影色阶

（4）在菜单栏中单击"图像"/"调整"/"色相/饱和度"命令，打开"色相/饱和度"对话框，提高图像饱和度为 19，如图 9-81 所示。

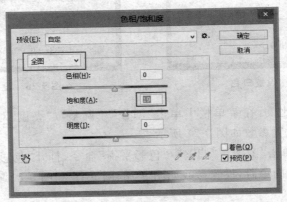

图 9-81　提高图像饱和度

（5）在菜单栏中单击"图像"/"调整"/"照片滤镜"命令，打开"照片滤镜"对话框，设置浓度为17，如图9-82所示。

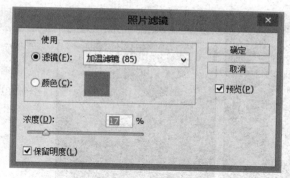

图9-82　设置"照片滤镜"参数

（6）复制背景图层，并选中"背景 拷贝"图层，在菜单栏中选择"滤镜"/"锐化"/"USM锐化"命令，做锐化效果。参数设置如图9-83所示。

图9-83　设置锐化参数

（7）使用"选择工具"将花和花径全部选中后，反选。将选中的背景进行羽化，单击"选择"菜单，在下拉菜单中选择"修改"/"羽化"命令，弹出"羽化选区"对话框，设置羽化半径为15，如图9-84所示。

图9-84　设置"羽化选区"参数

接下来,执行"滤镜"/"模糊"/"高斯模糊"命令,在"高斯模糊"对话框中设置"高斯模糊"半径为2,如图 9-85 所示。

图 9-85   设置"高斯模糊"参数

到此,制作完毕,最终效果,如图 9-86 所示。

图 9-86   最终效果

小　　结

本项目主要介绍了图像的色彩调整命令。在实际工作过程中,这些命令经常被使用,特别是在图像处理过程中,必须灵活运用这些命令才能制作出预期的图像颜色效果。

调色无非就是为了解决一些存在颜色问题的照片或者创造带有艺术效果的图像,所以在学习调色时,要围绕这两个方面展开。

如果要将带有颜色问题的照片调整为正常的照片,需要遵循三个步骤:一是调整图像明暗;二是调整图像颜色;三是调整图像的清晰度。

调整明暗的方法主要有色阶、曲线和阴影/高光等;调整颜色所用的命令主要有色相/饱和度、色彩平衡、替换颜色和可选颜色等;而提高图像的清晰度则可以用滤镜来解决。

总之,调色技能不是一朝一夕就能学会的,它是一个循序渐进的过程,要先掌握基础的调色命令,然后再通过大量的操作练习找出调色的基本规律,最后才能进行创意调色,形成自己的调色风格。当然调色并不是一个独立的篇章,它需要选区、路径和图层的配合。

习　题

一、选择题

1.“亮度/对比度”命令的使用方法比较简单,按住光标拖拽对话框中的滑块即可调整图像的亮度和对比度,其取值范围分别是(　　　　)。

A. $-50 \sim 50$、$-150 \sim 150$　　　　B. $-100 \sim 100$、$-50 \sim 100$

C. $-150 \sim 150$、$-50 \sim 100$　　　　D. $0 \sim 255$、$-50 \sim 100$

2. 在 Photoshop 中,“色彩范围”对话框中为了调整颜色的范围,应当调整(　　　)参数。

A. 反相　　　　B. 消除锯齿　　　　C. 颜色容差　　　　D. 羽化

二、填空题

1. 在色彩调整命令中主要用于色彩明暗对比的调整的是 _____、_____、_____;用于色彩偏色、对比度调整的是_____、_____、_____、_____;用于特殊色彩调整的是_____、_____、_____、_____。

2. _____命令可以对整个图像、单一通道或选取范围中的图像进行色相、饱和度、明度的调整。

三、简答题

为一张黑白照片添加色彩效果,可以使用哪些色彩调整工具?

四、操作题

题目要求:更换人物衣服的颜色和图案,如图 9-87 所示。

图 9-87　操作前后图像效果

制作分析:本任务主要应用"替换颜色"命令来调整衣服的颜色,利用"色彩平衡"命令来调整色调,最终完成衣服颜色和图案的更换。

参考步骤:

(1) 打开素材文件"白衬衣.jpg"图像文件,将"背景"图层复制生成图层"背景拷贝",将"背景拷贝"图层设定为当前图层。

(2) 选择工具箱中的"钢笔"工具,沿着人物的衣服边缘绘制路径,生成"工作路径",绘制效果如图 9-88 所示,"路径"面板如图 9-89 所示。

图 9-88　绘制效果图　　　　　　　图 9-89　"路径"面板

(3) 切换至"路径"面板,将"工作路径"作为选择区域载入,切换至"通道"面板,单击其底部的"将选区存储为通道"按钮创建 Alphal 通道,按下 Ctrl+D 快捷键可取消选择区域,如图 9-90 所示。

(4) 单击"通道"面板中的"RGB"通道,然后切换至"图层"面板,选中"背景拷贝"图层。

打开素材文件"白色花纹.jpg"文件,使用"移动"工具,将其移动到步骤(1)所打开的图像中,生成"图层 1",并按下 Ctrl+T 快捷键对"图层 1"进行自由变换,调整至合适大小的位置,如图 9-91 所示,单击 Enter 按钮,以确认调整。

图 9-90　新建 Alphal 通道　　　　　　图 9-91　变化花纹

（5）切换至"通道"面板，按下 Ctrl 键的同时单击"Alphal"通道的缩览图，将 Alphal 通道作为选区加载，在图层面板中，将"图层1"设为当前图层，单击面板底部的"添加图层蒙版"按钮，为图层添加蒙版。

（6）将"图层1"的混合模式设置为"颜色加深"，效果如图 9-92 所示。

图 9-92　设置混合模式

（7）打开"路径"面板，将"工作路径"作为选区载入，切换至"图层"面板，单击"图层1"前面的隐藏图标，然后选中"背景拷贝"图层，按下 Ctrl＋J 快捷键通过拷贝得到新图层，系统自动命名为"图层2"，"图层"图标的状态如图 9-93 所示。

图 9-93　复制图层

（8）选中"图层2"，执行"图像"/"调整"/"替换颜色"菜单命令，弹出"替换颜色"对话框，参数如图 9-94 所示。然后执行"图像"/"调整"/"色彩平衡"菜单命令，打开"色彩平衡"对话框，参数如图 9-95 所示，单击"确定"按钮，最后，设置该图层的混合模式为"颜色加深"，得到最终的图像效果。

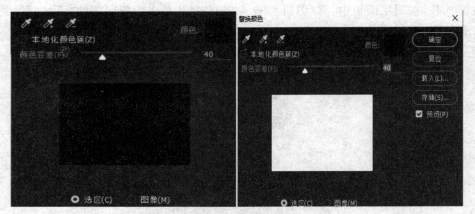

图 9-94　应用替换颜色

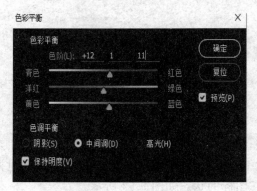

图 9-95　设置色彩平衡

参 考 文 献

[1] 高志清等.边学边用 Photoshop CS2[M].北京:清华大学出版社,2012.

[2] 程巧玲等.Photoshop CS5[M].北京:中国建材工业出版社,2014.

[3] 曾宽等.抠图＋修图＋调色＋合成＋特效 Photoshop 核心应用 5 项修炼[M].北京:人民邮电出版社,2013.

[4] 邓凯.Photoshop 图像处理[M].长春:吉林电子出版社,2009.

[5] 郭菁城.Photoshop 梦幻特效设计[M].北京:人民邮电出版社,2010.

[6] 姜立军等.Photoshop CS 实例教程[M].北京:对外经济贸易大学出版社,2004.

教师服务

感谢您选用清华大学出版社的教材！为了更好地服务教学，我们为授课教师提供本书的教学辅助资源，以及本学科重点教材信息。请您扫码获取。

≫ 教辅获取

本书教辅资源，授课教师扫码获取

≫ 样书赠送

管理科学与工程类重点教材，教师扫码获取样书

 清华大学出版社

E-mail: tupfuwu@163.com
电话：010-83470332 / 83470142
地址：北京市海淀区双清路学研大厦 B 座 509

网址：http://www.tup.com.cn/
传真：8610-83470107
邮编：100084